# 什麼都不教的主管才厲害!!!

## 讓部屬自動自發、你再也不用自己來的43個管理鐵則

最高の上司は、何も教えない。自分も部下も結果がすぐ出るマネジメントの鉄則×4

方舟文化

森泰
Taiz
Mor
—著 陳聃利

# 目錄

## 第3章 以不被撼動的堅強企業為目標，帶領團隊向上的堅持之道 109

## 第4章 改變毫無效率的冗長會議，促進團隊合作的簡易法則

# 第5章

# 持續進階：什麼都不教的終極奧義

## 第6章 加速前進：持續提升判斷力、決斷力、執行力 227

推薦序

# 主管不是「當」出來的，靠的是逐一且持續的理解

上海 CDF 集團首席品牌官／張力中

這本《什麼都不教的主管才厲害》，完美破譯了你所有看過的職場書的刻板框架；它明亮、清晰、敞開，明心見性的論述，**為所謂的職場關係，找到最真切的定義**；亦像是對苦於膠著的癥結給了一道清涼藥引，豁然開朗。

職場關係從不是一種大哉問或是哲學思辨，它在每一天的生活現場鮮烈發生、瞬息萬變，無法照本宣科，更遑論照辦煮碗。職場中的每一個人，皆為獨立思考的個體，善於從本位主義出發，或直白一點地說「自私」——先從自身利益求全，再求公眾利益。當所有人都這樣的時候，職場就會變成一種**資源掠奪**。

而當資源掠奪的場景來到了從屬關係，很多人會直觀地聯想到對立：也許你現

在是小主管，頑強力抗日夜壓榨你的中階主管；或你現在是高階主管，要面對隨時準備給你挖坑的腹黑中階部屬們憂心忡忡，而你從未信任過他們其中的任何一個，你們彼此都是。

這個時候，多數所謂職場專家就會順著對立之間產生的爭執或矛盾，煞有其事地以一些很扭曲的利益觀點給予雞湯，以及許多似是而非甚至荒誕的治標建議。你照做了，職場關係始終沒有改善，自己也未能感覺到提升或產生價值，終日提心吊膽，對職場缺乏信任、最終淪落窠臼、一再痛苦地輪迴，日復一日，但多數人渾然不覺，殫精竭慮地糾結，也找不到答案。

「啊，當主管好難。」**如果你有「當」的想法，代表你其實沒有做好充分的思想準備，你只是在扮演一種角色，與你本性相違，所以你覺得難。**

那到底要怎麼想才對？先放下「想」的念頭，那都是你自己想的，你都在想自己的事。接下來我們不「想」，**改成「理解」**。位居高位，我們要學習開始去理解這個場景、這個畫面裡的每一個人；每一個他的「本我」，去**個別、逐一且持續地理解每個存在的獨立個體，讓他們發揮價值與作用，而你負責導航。**這就是《什麼都不教的主管才厲害》闡述過程中緊隙的精神內核。

**有了對人、對其本我的理解，才能對團隊有所梳理、運籌帷幄**；然後身為主管的自己，首先得「敞開」，簡單來說，就是「借位思考」。除了理解場景中每個本我的需要之外，更要朝「成事共好」的方向出發，同時讓自己親身力行參與實踐，無論職位再高，都要心身參與。

職場裡的身分，其實，都是偽命題。**高位不是冠冕，反而更要積極思考自身所被賦予的高位，究竟是要發揮何種作用**；所有人期待你能給出方向與信念，凝聚所有人的價值觀，帶領大家。那才是《什麼都不教的主管才厲害》的終極奧義。因為此刻的你與眾人心意相通。

而當團隊所有人的想法與信念一致，而你也充分理解每一個本我之後，接下來要做的，就是**好好地帶領他們的心，讓他們充滿歸屬感**，得以在各自的崗位與專長上發光。當你們彼此充分信任，你的思考重點已不用放在「教」，而是「如何讓團隊的人更能自行發揮」或「應該遴選什麼樣適合團隊的人進來，讓他有所發揮」。到了這個時候，你早已超越刻板的主管思維，來到更崇高的思想高地。當然，這一切並非一蹴可幾，你也不會始終感覺盡如人意，這終將是一個持續不懈的過程。

《什麼都不教的主管才厲害》，**將管理心法化為一道道實用場景**，閱讀時就像是把自己帶入場景中，對每一種情境進行一次又一次的思想鍛鍊，有助於你掌握當下的職場景況。

閱讀這本書，帶給我酣暢淋漓的感受。它把我所奉行且無法具象的管理思維，逐一地條理躍然紙上，字裡行間生動真摯、殷殷切切，值得一讀再讀。不是成為主管了之後才要具備主管思維，而是**當你踏入職場的第一天，就應該讓這樣的情操成為你的秉性並且實踐**，你將能超越平庸，更能領略非一般的職場境界。

（本文作者張力中，現任上海ＣＤＦ集團首席品牌官。曾任臺灣知名文創設計旅店「承億文旅集團」品牌長。著有暢銷書《張力中的孤獨力》〔方舟文化〕。臉書粉專：張力中／Kris J。）

# 前言
# 真的，當主管什麼都不用教

我目前從事諮詢顧問工作，服務對象包括建築公司、美容院、中醫整骨沙龍等企業。除此之外，我也替不同領域的人員提供教育進修，例如媒體業、ＩＴ業、美容業、服飾業、看護業、學校、政府機構等單位。而各行各業的諮詢主題，不外乎「現在這個時代，主管或領導者該如何生存下去」，我會在本書當中詳細解說。

最近幾年來，越來越多的年輕員工拒絕升遷，換句話說，他們拒絕擔任管理職、不想成為主管或領導者。我不難理解他們的心情，**但在現代社會中，有三成三以上的人口是受薪階級**（編按：根據二〇一九年臺灣行政院主計總處資料，全體受雇員工人數為七百九十九萬七千人，約占總人口數的三三％），**而這些拿人薪水過日子的人，總有一天將面臨成為主管的考驗（創業者不算在內）**。

大家都不想當主管——如果換個角度思考，這也不失為天上掉下來的大好機會。過去大家對於主管大位可說是你爭我奪，如今則是避之唯恐不及。因此，各位若能提早習得有關領導的技巧、意義，以及應該以何種態度與觀念面對管理職，將來有機會位居上位時，便可在最短的時間內與公司締造雙贏，這同時也是能讓工作更加充實的一條最快捷徑。

## 減少人事成本只會把人趕跑，訓練兼職人員幫我的忙

讓我願意學習管理工作、在業界努力求生，並持續將這項理念傳達下去的原點，是我二十年前服務於日本肯德基股份有限公司，並被總部下放至各分店擔任店長的那段時期。

當年，我被總公司派任至**年度營業額赤字超過一千萬日圓**的分店。大家應該不難想像我的心情有多麼低落，只能不斷自問：「我到底做錯什麼？為什麼要派我來處理這種爛攤子？」但命令就是命令，即使百般不願意，我也只能乖乖就範。

當時，我為了降低分店的營運成本，採用了各種方法。然而，**一味減少人事費**

**用的後果，甚至連能替我出主意的軍師也跑了。**就在被環境逼得走投無路之際，我突然靈光一現。

「從現在開始培養具有店長眼界的兼職人員（即領時薪的非正職人員），讓他們也能做和店長一樣的事不就得了？」

換句話說，**我不把這些兼職人員看成單純的打工仔，而是讓他們實際參與分店的營運工作。**這樣一來，就可以把許多原本「非我不可」的業務分派出去；而當我的工作量減少了，就等於多出了時間思考更多改善分店營運狀況的做法。

## 積極聽取部屬意見，生產力提升四倍

為此，我召集了兼職人員中的三位領班，仔細聽取了他們的要求與不滿（出乎意料之外地多）之後，我提出了希望他們可以一起協助我，改善店內營收赤字的請求。我不但將他們視為正式員工，在要求他們完成任務的同時，也會徵求意見回饋（feedback），並讓他們親自主持分店營運會議等。

在每一次的討論中，我都盡量控制自己，**不能只單純對部屬下指令，而是經常讓他們用自己的頭腦思考**，不論看到了什麼、發現了什麼，都可以提出來互相討論並給予回饋。

於是，他們開始把自己當成店長，用店長的角度來思考店內的營運方針並付諸行動。在這三位領班的帶領下，其他的兼職人員也開始仿效，產生「也請讓我們以店長的立場努力工作吧」的想法。不知不覺中，突然有一天，**不必我多說、什麼都不用教，他們就變得自動自發了。**

這項改革帶來的結果，是讓該分店從「店內服務」到「來客滿意度」等各項評比項目上，都出現了大幅度的轉變；不過短短一年時間，店內的營業額便轉虧為盈，再也不見赤字。若從具體數字來看，我成功地讓這些**兼職人員（時薪八百日圓）創造出店長級（時薪三千日圓）的績效，等於替公司提高了近四倍的生產力，**能有這樣的成就，真的全靠他們亟欲表現自我的努力付出。

## 人員流動率極高的餐飲界，如何持續兩年0%離職率？

在取得了這樣亮眼的成果後，**我便「不再教導」員工如何做事，而是聚焦在盡力挖掘出每個人的才能，讓他們能在正確的位置發揮最大的可能**。當我被調派至其他分店後，同樣秉持著「什麼都不教」的原則，持續讓各分店獲利不斷。而當我最終回到總公司，進行新進員工育成方針改革後，學會了這套「什麼都不教」理論的店長們，便將這些管理方法帶進實務現場，共同創下了**餐飲界內極為罕見的0%離職率紀錄，並持續兩年之久**。

接著我離開了日本肯德基、獨立創業，結合了第一線的現場經驗、NLP（神經語言規畫）及心理學要素，建立了一套能讓員工發揮自主性的獨創人才育成理論。這是一套「任何人都可以做到」的領導方法，迄今仍持續不斷地在日本全國及海外各地流傳。

我始終認為，**領導者、管理職應具備的條件，都必須隨著時代變遷持續變化**。過去那種「主管負責下命令，員工絕對服從」的領導方式已不再適用了。領導者必須順應各種不同的工作方式、注意職權騷擾及員工心理健康等問題，並達到公司或高層所要求的成果——這些都是現代管理階層必須面對的重要課題。

而在做好眼前每項任務的同時，領導者還有更重要的職責，意即培養能創造公司未來的優秀人才。身為主管的你有責任引導部屬，讓他們擁有「我也想讓公司變得更好」、「我希望能從這份工作中持續成長」等思維。

## 學會 43 個管理鐵則，喚醒你意想不到的管理潛能

讀到這裡，也許還有人認為「我天生就沒有領導才能，不適合承擔領導者這種重責大任」，但是，有件事請大家不要忘記——**「領導能力」並不是什麼才能，而是一門可供學習的技術**。因此，若能一步步理解執行方法和訣竅，並透過各項現場實務持續實踐，如此這般不斷操作，任何人都可以成為優秀的管理人才。當然，人都有犯錯的時候，只要懂得從錯誤中學習、找出解決方法，必定能挖掘出你過去意想不到的潛能。

在本書當中，我將個人的領導祕訣歸納為「43個管理鐵則」。大家只要循序漸進地將這些原則學起來，**並依照個人狀況微調、修正**，必定能內化為最適合自己的一套管理方法，並喚醒原本沉睡於你內心深處的潛力，進而讓你在工作上、甚至整個人生，得到更加豐碩甜美的果實。

# 第1章

## 不想當主管卻「被升官」……不論你肯或不肯，都先做到這五件事

鐵則 1

# 比起替部屬收爛攤，每天安排時間思考「如何開創未來」更重要

——從「緊急」與「重要」的平衡中找出優先順序

過去當我擔任基層人員時，只要**將注意力全數放在自己的工作上**，並確實執行就好，但成為管理階級之後，一切就都不一樣了。

主管的工作，不光是管理員工，還要與其他部門溝通協調、應付上頭的要求，處理各種報告與行政文件等，各類瑣事花去不少時間，每天都被事情追著跑。在這種情況下，若還要處理部屬闖禍出包等突發狀況，就算有一整天的時間也不夠用。

若你每天上班都耗在這種「不處理不行」的事情上，就不會有時間思考「如何培訓員工、使團體持續成長」的方法。此外，如果你總是只處理眼前的事，很容易在不知不覺之間便習慣了這樣的工作模式，腦袋裡淨是「只要不出錯就好」的消極想法，**乍看之下好像處理得很妥貼，但其實這正是管理者失職的危險信號。**

## 比目魚主管、夾心餅乾主管……你也是這樣嗎？

如果你成了「雙眼只往上看」，對上頭百依百順、完全不在乎底下員工成長的「比目魚主管」；或總被迫夾在老闆與員工間的「夾心主管」，代誌就大條了。各位千萬別讓自己成為這樣的領導者。因為事情一旦走到這個地步，只會令人更加身心俱疲。

為了避免成為上述不OK的主管，大家應該設法安排更多時間，思考「如何開創未來」。換句話說，我建議大家，**每天都要挪出空檔，思考如何開創更多未來的可能性**。例如，團隊最重視的是什麼、該如何前進？與眾人共享目標、展望未來，並訂定團隊的執行計畫，這些都是身為領導者必須做到的。

但在這之前，首先請確實規畫屬於你的時程表：先在心中想像出理想藍圖（即願景），再來規畫時間，便能好好思考與計畫團隊的未來。以下說明具體的做法。

美國管理學大師史蒂芬．柯維（Stephen Richards Covey）在代表作《與成功有約：高效能人士的七個習慣》提到了**時間管理矩陣（Prioritization Matrix）**。時間管理矩陣分為四個象限（見第二十七頁圖表1），其中「第二象限」正好與我們討論的「未來時間」有關。

人在面對緊急情況時，常會覺得「這件事不趕快處理不行」，但在面對較不緊

**圖表1　時間管理矩陣**

| | |
|---|---|
| **第二象限：重要卻不緊急**<br>→例如人材培育、安排思考未來的時間、研究進修等。 | **第一象限：既重要又緊急**<br>→例如客訴應對等。必須最優先處理。 |
| **第三象限：不重要但緊急**<br>→例如儘管不是那麼重要，卻已排定時程的當日會議或郵件回覆等。 | **第四象限：不重要且不緊急**<br>→例如安排非必要的商品推銷服務、廣告郵件、廣告推銷電話等。 |

急的情況時，又會不自覺地產生「這種事等之後有空再做也沒關係」的想法。若老是覺得事情可以等有空再做，就很容易蹉跎光陰，無法確實安排時間規畫未來。

因此，我建議各位，**無論當下忙碌與否，都要「保有自主性」，自動自發地安排自己的時間**，就算每天只有十五或二十分鐘也無妨，請找出時間好好規畫未來。順道一提，所謂「保有自主性」是指，**不論處於任何環境，都能以自我意識思考並採取行動**。

若你還是認為自己「每天都忙得要死，哪有時間做這些無關緊要的事」，相信不到半年，就很有可能被其他人貼上「比目魚主管」或「夾心餅乾主管」這類負面標籤。相較於此，若能每天確實保留思考規畫未來的時間，必定可在半年或一年後大幅成長，並得到你所期望的成果。

## 團隊建立並非一蹴可幾，而是連續過程

這種「開創團隊未來」的挑戰，對管理階層或領導者來說，是一條不可或缺的必經之路，而這中間的過程，便是不斷學習「建立團隊的技巧」。

這是為什麼呢？因為**主事者嚴肅探究、具體思考如何開創團隊未來，是公司長治久安的關鍵**。也就是說，你得反覆思考自己團隊的方向是什麼、又該如何順應時勢持續改變，這是最需要你耗費時間投資的，除了不斷操作這樣的過程、從錯誤中學習之外，並無其他捷徑。

聰明的讀者或許已經發現了，**這就是所謂的「團隊建立」（Team Building）**。這件事並非一蹴可幾；過程中所付出的時間與心血，則能加強管理者們的領導力。

這樣的技巧，將會成為你職場生涯中最值得信賴的好夥伴，同時也是公司寄予

厚望的管理階層們責無旁貸的重要任務。比起成天替部屬收爛攤又吃力不討好，**凡事不用自己來，還能帶領團隊一同成長**的領導者人生，應該是比較值得嚮往的吧？

## 什麼都不教的主管才厲害

嚴肅探究、具體思考如何開創團隊未來，是公司長治久安的關鍵。就算只有十五或二十分鐘也無妨，每天都要空出時間思考「如何開創未來」。

鐵則 2

# 新官上任第一天，避免「下馬威式」的目標設定，你得這樣了解現狀

——觀察↓提問↓相互回饋，建立信任感的第一步

過去你一直身在第一線，直接處理現場工作。而當某一天（終於）晉升管理階層，即將開始帶領新團隊，這時，你會怎麼做呢？

在這個當下，大部分人會選擇**主動宣導自己的管理方針，卻也不經意流露出下馬威的態度**，這樣很難獲得人心。當然，要求員工至少達到最低標準，例如遵守計畫的截止期限（deadline，又譯死線）、執行業務不要單打獨鬥、必須互相幫助等，此類的政令宣導當然沒問題。但領導者如果說出：「我的目標是成為全國第一的超強團隊。從現在開始我說了算，之前的規定都不算數，大家相信我準沒錯！」這種**乍聽熱血的喊話，反而會讓部屬產生警覺心。**

## 重複三步驟觀察部屬，建立彼此信賴關係

上任第一天，通常彼此尚未建立信任關係，**員工無法理解主管發言背後的真正意涵，只能接收到片面訊息。**實際上，這種類似的案例我看過好幾次，結局往往演變成每個人都只是在敷衍了事、虛以委蛇。

有件事請務必牢記在心，那就是管理階層的第一工作順位，應該是**關心員工的成長、兼顧團隊成果**。換句話說，主管的首要任務是**了解團隊的現況**，公司的期望又是什麼？對於團隊現狀與未來規畫，應先徵詢各方意見，例如董事長、高層主管、計畫負責人等，之後再描繪自己心中的理想藍圖。

此外，主管另一項重要的任務是試著了解部屬的過往與相關資訊，**因為人是團隊中最重要的資源，沒有人就無法做事；善待員工，才會有人替你賺錢**。為了達到這個目的，大家一定要學會觀察部屬，接著提問與相互回饋，而不是主管單方面一直講或下達命令。觀察部屬的最大好處在於，可在時間的積累下，更了解他們真正的樣貌，這是一項很重要的工作。

多數人在擔任基層人員時，可能很少有機會觀察其他人究竟是如何工作的（即工作模式）。最常見的情況是，由於長期處理第一線工作，相關業務你已操作得非常順手，因此當上主管後，便很容易在大小事上，都想對部屬下指導棋。主管給予建議是希望部屬不會在工作上產生問題，這件事很重要沒錯，**但做得過頭的話，反而抹殺了部屬培養自主性的機會**。因此，仔細觀察員工是重要的第一步驟。

觀察部屬有以下三項重點：

**① 部屬採取了哪種行動？**

**② 這項行動帶來的結果是什麼？**

**③ 當部屬採取行動時，他是抱著什麼樣的目的去執行的？**

在與員工深談、了解團隊現況之前，請先確認上述三點；面談不能草草結束，應當要仔細觀察，部屬回答的內容是否與其行動具有一致性？大家可以**重覆「觀察↓拋出確認其目的的提問↓回饋」這個流程**，藉此進一步理解部屬的想法，思考如何發揮現有成員的能力，建立自己心目中的理想團隊。如此一來，未來藍圖的規畫，也會變得容易許多。再者，主管透過提問與相互回饋的過程，也能展現「領導者想理解團隊成員」的心意，相信你的部屬一定感受得到。這將是一個團隊的能量來源，**為部屬帶來安全感，並創造出新的挑戰**。

**人們一旦感到不安，就無法有所行動**；在安心的環境下，則會讓人們萌生好奇心與挑戰心；一旦團隊有了共識，就可輕鬆描繪出眾人的願景。切記，好的制度是由下而上、自上而下的理念貫通，並建立在雙方互信的基礎上。領導者得從「觀察↓提問↓相互回饋」做起，積極了解現況，創造一個能提升部屬自主性的環境。

**什麼都不教的主管才厲害**

新任主管必須避免熱血喊話或下馬威式的宣導，以免讓部屬產生警覺心。重覆「觀察↓提問↓回饋」，有助迅速了解現況，並在長時間累積下建立信任。

鐵則

3

# 建立組織並持續經營的三要素：共同目標、合作意願、順暢溝通

——活用管理學家切斯特．巴納德的指導方針

管理階層者有許多必須完成的使命，除了負責自身業務、達成整體團隊績效等**短期任務**之外，還包括了培訓人才、訓練部門接班人等**長期任務**。

## 別拿短期解方處理長期問題

雖然人們在理性層面上，能理解並認同這兩項任務的不同，但仍有許多管理階層，會因為公司持續施加的各類壓力，而將這兩件事**視為互相矛盾的存在**，並不知不覺地**利用短期的解方來處理長期問題**。

實際上，這樣的做法不但無法如願讓工作氣氛活絡、更無法使得團隊進一步成長，應該有不少管理者正處於這種進退兩難的情況。

長期任務自然得靠長期解方。一九〇九年進入美國電話電報公司（現在的AT&T），後續擔任董事長二十年、同時也是世界著名管理學家的切斯特・巴納德（Chester I. Barnard），在著作《經理人員的職能》中，提到**建立組織並持續經營**的三個要點。

**①共同目標（企業目標共享）。**

**②合作意願（貢獻意願）。**

**③順暢溝通（相互理解）。**

雖然這本著作已出版超過八十年（該書初版於一九三八年），時至今日仍非常適用。該理論提出了「打造理想領導狀態」的各項要點，可套用到現代各企業的經營管理上，對於眾多管理者而言，影響力相當巨大。

新任主管上工時的第一件事，就是在提出理想藍圖之前，先以上述的三項要點為基準，思考全團隊的經營與布局。

接下來，在設定長期目標時，還有兩點非常重要。

管理學大師彼得．杜拉克（Peter Ferdinand Drucker）曾提出**SMART理論**，這五個英文字母分別對應：明確（Specific）、可衡量（Measurable）、可達成（Attainable）、關聯性（Relevant）、具時限（Time-bound）。

SMART理論是一套可有效組織成員、制定目標並控制進度，最終達到優化工作績效目的的管理方法。以SMART理論為基準訂立工作目標，是管理實務上最普遍的做法，我們可用更淺顯易懂的方式，將SMART理論歸納為下列兩點：

**①確立基準。**

**②描繪具體目標。**

在此我以上述兩點為基準，提出了以下三個問題。還請各位以直覺、憑第一印象作答，並將問題的答案分成四個評分標準——**優良**、**良好**、**尚可**、**欠佳**——對自己帶領的團隊進行自評。

「團隊的所有成員們，都擁有相同的目標嗎？」

「團隊的所有成員們，都願意互相提供協助嗎？」

「團隊的所有成員們，都能夠順暢溝通無障礙嗎？」

## 增進部屬合作意願，環境是最大關鍵

世界頂尖的心靈導師安東尼．羅賓斯（Anthony Robbins）相當提倡這四個評分標準，此標準也影響了眾多知名人士，其中最著名的當屬美國前總統柯林頓（William Jefferson Clinton）。羅賓斯表示，**作答者的評分其實無法反映真實的情況，要看下一個標準才準**。換句話說：當你回答**優良**時，代表的其實是**良好**；**良好**代表的是**尚可**；**尚可**代表的是**欠佳**；而回答**欠佳**時，真實的情況其實是**一無所有**。

明明回答的是「欠佳」，實際上卻是什麼都沒有……這對於正苦惱如何帶領團隊的領導者來說，一定是超級尷尬的窘境。但在此階段仍不用太過擔心，至少你已有自覺，並決心著手改善。

本書將會說明「什麼都不教的主管」所必須具備的「不教心法」與實際做法，我將竭盡所能，帶領各位建立互相信賴的團隊關係、訂定具體目標、使成員們朝共同目標邁進並成長。

然而，為了讓大家能更明確地描繪團隊的目標藍圖，我還是得先補充一些必要

圖表2　理想團隊的建立流程圖

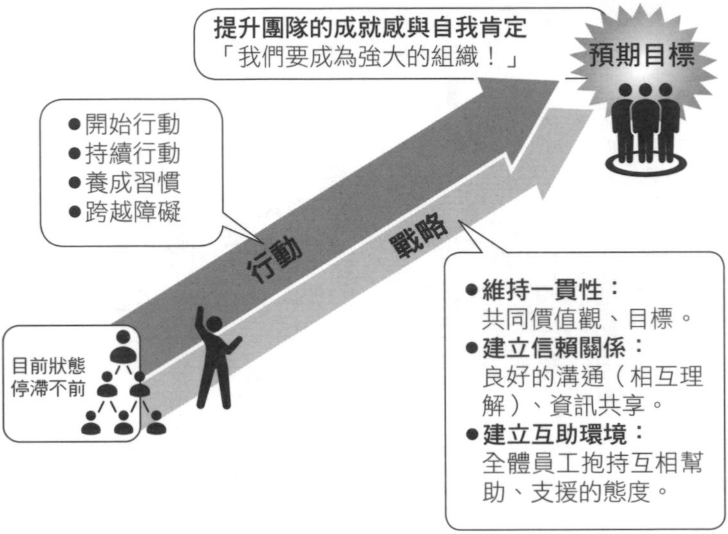
提升團隊的成就感與自我肯定
「我們要成為強大的組織！」
預期目標
●開始行動
●持續行動
●養成習慣
●跨越障礙
行動
戰略
目前狀態
停滯不前
●維持一貫性：
共同價值觀、目標。
●建立信賴關係：
良好的溝通（相互理解）、資訊共享。
●建立互助環境：
全體員工抱持互相幫助、支援的態度。

的資訊量。本節一開始即提到建立組織的三要素：共同目標、合作意願、順暢溝通，而針對此三要素，我們還可以從五個不同的觀點進行分析，分別是**環境**、**行動**、**能力**、**信念（價值觀）**、**定位**。

例如，「環境」的觀點，與第二項要素「合作意願」關聯較大，領導者可試著這樣與部屬溝通：

「在什麼樣的環境下，你們（團隊成員）願意積極合作呢？互助合作能不能讓團隊獲得稱讚？在這種環境下，你們工作起來會否更加愉快，對於團隊又是如何呢？」

如果團隊成員對這些問題的回答，都抱持正面且不排斥的態度，就可再加上「那麼，我們何時能達到這種最佳狀態？」並**以眾人討論出的答案設下目標期限**。

經由這個過程，能讓部屬之間**逐步建立願意合作的工作環境**，不再各自為政；團隊也不會覺得目標發散、不切實際，日子一久，便能更加團結一心。

領導者每天空出時間想像著這類細節設定，就是在具體地描繪理想團隊的藍圖（見第四十頁圖表2）。一旦你懂得反覆思考如何開創未來，團隊將能以最快的速度，邁向你想達到的目標。

## 什麼都不教的主管才厲害

別拿短期解方處理長期問題，經營團隊得從共享、貢獻、理解做起。並以優良、良好、尚可、欠佳四個標準自評團隊現況，建立成員彼此互助合作的工作環境。

鐵則

4

# 理想的部屬與團隊並不存在，必須根據現實量身訂做、持續打造

——使用「BAF表單」描繪管理藍圖，測量現實與目標的差距

想成為強大的主管，最重要的條件是**相信自己做得到**。具體來說，對於自己重視的目標，你必須先確實了解如何達成，並確信自己下達給團隊的所有指令，都能朝著對的方向前進並實踐。

上述條件乍看簡單，然而，對於領導團隊感到頭疼的主管不在少數。多數的情況是，**大家往往會因為這些既定框架（即主管該做的事）而受到侷限**。主管的確有非得做到不可的事，但在執行面上卻很難盡如人意。那麼，在這樣的矛盾之下，該如何精進領導能力呢？每當我受邀至各大企業講解**團隊建立**課程時，都會有一項針對主管個別提問的活動。我會問他們以下幾個問題：

「你在參加這項團隊建立課程之前，是處於什麼樣的狀態呢？」
「參加此課程後，你目前的狀態如何？」
「你覺得在這項課程結束之後，未來最理想的狀態又是什麼？」

此外，我還會以「**BAF表單**」請他們自我評量。所謂BAF，是取過去

（Before）、現在（After）、未來（Future）三個英文單字的字首而來。第四十五頁的圖表3，是我節錄自某次團隊建立活動中，一位主管的回答，在此作為案例討論。

## 檢視現在、預想未來，測量現況與理想的距離

看完了圖表3的案例，大家也請試著自我評量一番。請將你個人**現在的狀態**，帶入以下五個要素至問題中。

**一、提出對目前「環境」的問題**

↓現在，你的職場環境是怎麼樣的狀況？

**二、提出對目前「行動」的問題**

↓現在，你身為領導者，對自己的部屬有什麼樣的想法及行動？

**三、提出對目前「能力」的問題**

↓現在，身為領導者，你已讓部屬發揮了哪些能力？

## 圖表3　運用BAF表單，將腦中的想法轉化成文字

**【BAF表單】「我在面談前後的改變與對未來的期許」**

姓名：商務一郎

| 分類 | 面談前狀態（Before） | 目前狀態（After） | 理想狀態（Future） |
|---|---|---|---|
| 環境 | **「職場環境如何？」**<br>部門裡（僅）有願景，但成員們都不太關心。 | **「目前的職場環境變得如何？」**<br>必須規畫可達成願景所需要的要素（組織管理、方向性、自主性、環境）。 | **「你覺得未來理想的環境是什麼？」**<br>團隊成員有共同願景並發揮自主性，具有蓬勃活力的職場 |
| 行動 | **「迄今採取的行動成果如何？」**<br>雖然部門已有願景，但遲遲未能採取更進一步的行動。 | **「你目前已採取了哪些行動？」**<br>與團隊成員討論了部門的未來願景，也討論了想達成這個願景，必須先完成什麼目標（推動部屬互助合作）。 | **「未來你還想採取哪些行動？」**<br>希望能加強對部屬的循循善誘，促使他們自主完成工作。 |
| 能力 | **「迄今你已發揮了哪些能力？」**<br>帶領部屬時，不論溝通、指導，我都是用自己過去的方式在做。 | **「你已學習到了哪些新的技能？」**<br>我學到了以「理解自我、理解他人」為基礎的溝通技巧，並將其運用到面談與日常生活。 | **「未來想發揮什麼樣的能力？」**<br>希望不論在任何環境下，都能帶領團隊朝共同願景前進。 |
| 信念（價值觀） | **「過去你認為最重要的是什麼？」**<br>擁有願景。 | **「現在你認為什麼是重要的？」**<br>與部屬的信賴關係，並積極挖掘、理解他們的自主性，同時與其他成員協調，創造部門的新可能、使其適性發展。 | **「未來你認為什麼是重要的？」**<br>與左欄相同，我想繼續朝著這個方向前進。 |
| 定位 | **「過去你在團隊中的角色是什麼？」**<br>我曾被認定為不適合擔任管理職。 | **「現在你在團隊中的角色是什麼？」**<br>努力學習各種管理技能的人。 | **「未來你在團隊中的理想角色是什麼？」**<br>對管理更有自信、樂在其中，且能夠帶給他人良好的影響。 |

**四、提出對目前「信念（價值觀）」的問題**

↓現在，身為領導者，你認為最重要的事情是什麼？

**五、提出對目前「定位」的問題**

↓現在，身為領導者，你在團隊中扮演著什麼樣的角色？

請盡量**客觀地作答**，這是回答的重點，也會影響評量結果。

接下來，請接著想像你心目中**理想的團隊藍圖**。

**一、提出對未來「環境」的問題**

↓你心目中理想的職場環境，應該是怎麼樣的面貌？

**二、提出對未來「行動」的問題**

↓身為領導者，你認為部屬最好的想法與行動應該是什麼樣的狀態？

**三、提出對未來「能力」的問題**

↓身為領導者，你認為團隊的每一個角色，應該如何發揮最好的能力？

**四、提出對未來「信念（價值觀）」的問題**

↓身為領導者，你認為什麼樣的事情，在你的團隊裡應該最被重視？

**五、提出對未來「定位」的問題**

↓身為領導者，你認為在團隊中，你應該扮演什麼樣的角色才最好？

當你認真思考**過去／現在／未來三個階段的自己**，並客觀地思考與作答之後，在這番測量之下，多數人應該會明顯地發現，**自己目前的狀態與心中的理想狀態，仍然有一段待改善的距離**。這份表單的重點在於，將想法在腦海中整理並轉化成文字，你就能更具體地表達出自己想追求的環境與狀態，並有自信地對他人闡述願景、下達指令，無論是公司高層（對上）或是團隊裡的各個角色（向下）皆適用。

無法順利領導團隊的領導者，多數都有一個**共通的痛點（Pain Point）**，**那就是無法將自己的想法文字化**。雖然腦中有「我想建立優良團隊」的想法，卻找不到方法正確描述，自己心目中的優良團隊應該是何種樣貌、又該如何實踐。**當你一而再、再而三地喊口號，卻提不出具體作為**，即使一開始假借巧妙的語言獲得人心，最終也將潰不成軍。

換句話說，這樣的領導者通常**只具備抽象概念**，能輕易地說出「我想打造能拉高公司整體業績的優良團隊」、「我要讓每個團隊成員都能自我發揮」等口號。但究竟該如何達成自己提出的目標，卻完全不得其門而入。相較於此，藉由反覆操作BAF表單、寫下自己的想法，有助於釐清現實與理想的差距。為此，我建議大家**定期透過BAF表單自我檢視**，可大幅提升未來目標與工作課題的掌握度。

這樣的過程又稱為**「自我指導」**（**self-coaching**）。在打造理想部屬或理想團隊之前，請先養成自我指導的習慣，**定期依據現況，重新描繪自己的理想藍圖**，釐清不足與待努力之處，如此一來，便能更有效地建構出優良團隊。

**什麼都不教的主管才厲害**

領導千萬不能流於空洞口號。定期透過BAF表單自我檢視，可協助你將腦中的想法轉化成文字，大幅提升未來目標與工作課題的掌握度。

鐵則

5

# 帶領團隊是使每個人都能適才適所，重新磨合工作與理想生活

——所謂「莫忘初衷」，真正的涵義是什麼？

在本章的最後，我要和各位討論何謂「初衷」。主管在探索自身的理想藍圖之際，各種煩惱或迷惘也可能接踵而至。這時，還請試著記起某個重要關鍵（Key point），在這之後，無論是你對自我的期許、理想的工作環境，或是團隊未來的願景等，應該就會跟著浮現在腦海。

這件能夠**讓你忘卻現況的艱難、再次看見未來的關鍵，就是「初衷」**。

## 再也無力前行時，先停下腳步，回想自己的初衷

如果你原本就討厭這間公司，或是因為其他非自願因素、誤打誤撞才來到這裡上班，那自然另當別論。但若當初你進入這家公司時，對於這份工作與公司，抱持著相當高的期待、懷著夢想，甚至使命感，那就千萬別輕易放棄。例如，你是否曾想過：「我要做出許多熱門的暢銷商品，就和這家公司當初吸引我加入的那款招牌商品一樣。」、「我希望能和這間公司一起，奉獻自己一點點的心力，幫助這個社會、改變全世界。」**類似這樣的初衷即使乍聽有點難為情，但都是非常溫暖且具有**

**親和力的願景。**然而，當你真正站上崗位，日日夜夜的勞動、庸庸碌碌的瞎忙，光是處理手邊的問題就夠吃力了；一開始的理想與初衷，自然也在案牘勞形之間，一點一滴地被消磨殆盡、拋諸九霄雲外。

但是，在描繪理想的藍圖時，最重要的，是自己當初選定這份工作的原因。換言之，也就是**「我在這份工作上，最重視的究竟是什麼？」**

為什麼找出這個內在意涵會如此重要？這是因為，**人若能理解到自己所重視的事情是什麼，也就能理解他人想要重視的事情為何。**反之，若是連你自己都無法察覺到自己真正重視的是什麼，更遑論理解他人的想法了。

如果團隊成員能互相磨合各自重視的事、彼此都能朝相同目標前進，整體的力量將會大幅提升。然而大家重視的事情，會因為角色不同而難盡相同。身為領導者，應該協助大家找出**想法的基本主軸**，也就是**大家當初加入這個團隊的初衷；而在主軸相通的情況下，就更容易從中找出推動提升團隊力量的關鍵要素。**

若真要達到這點，設法安排讓成員彼此磨合想法，使每個人都能適才適所，進而讓工作與生活的比重安排達到理想狀態，是非常重要的任務。

舉個例子，「為了家庭的幸福而努力工作」是你與部屬的共同理想，不過，若你認為，為了要有多一點與家人相處的時間，工作必須更有效率，必須以不加班為目標；對方卻認為，為了能讓家庭幸福生活，必須更努力工作、賺很多錢，即使加班也沒關係。就像這樣，當雙方想法出現矛盾時，你該如何是好？

即使雙方所追求的理想類似，但每個人的想法一定會有差異，很容易產生齟齬。像是：「那傢伙老是說要讓家人過上幸福日子，但工作時總是偷懶，才會一直加班趕進度。」、「經理總說是為了家人在打拚，但我看他也沒多認真呀，竟然好意思要求整個部門不得加班？」這類互不信任的種子，很可能就會在雙方心裡萌芽。

## 覺得怪怪的，就要問

正因如此，我們需要時時確認彼此之間的認知是否相同，**而不是自以為一定可以和對方心意相通，或自認雙方很有默契**。尤其是部門內部的慣用語、工作方式等，更必須確實掌握。

這其實是在討論「溝通」的問題，這麼簡單的兩個字，執行起來卻很不容易。請讓我引用字典裡的注釋——**以書面或口頭彼此交換意見、思想的過程與方法，使彼此融會或通連**。了解溝通的意義之後，大家可以與部屬一起思考，目前在職場上，最適當的溝通方式是什麼（例如面對面討論、以通訊軟體交換想法、寫 email 告知等），相信一定能達成共識。

團隊是由來自四面八方的人所集合而成的團體，除了生長環境各異之外，每個人的年齡、職責、工作經歷等也各不相同。要讓充滿差異性的團體團結一心，並發揮各自能力，重點就在於彼此間的磨合（無論是工作細節或理想目標）。簡單來說，**只要你覺得怪怪的，就要問**。別害怕發生衝突或引起爭端，否則在不清不楚的情況下就貿然執行，後續待收拾的爛攤只會更多。

在現代職場上，常常因為**主管的指令與回答不夠明確，或彼此之間有所顧忌而不敢直言，衍生了不少意見分歧或誤會**。例如主管在通訊軟體交辦事項，部屬卻只回覆表情符號，無法確定他們是否真的已收到指令；或是主管只說：「這件事快去辦。」**但時效性有多迫切，員工完全不得而知**。上述這些都是引發團隊糾紛的常見主因。在有效溝通的前提之下，團隊成員必須經常確認彼此是否都有共識、皆同意該決定。

俗話說**魔鬼藏在細節裡**，為此，我會建議團隊成員在例行週會上提出工作時容易忽略的細節，具體敘述狀況並廣邀眾人提出解方。這樣持續性的溝通，對於成員組成各不相同的團隊而言，是必須反覆琢磨的功夫。

**什麼都不教的主管才厲害**

覺得無力前行時，適時帶領部屬回顧工作初衷，有助團隊角色分配與任務安排。覺得怪怪的就要問。別在不清不楚的情況下執行業務，以防產生更多爛攤。

# 第2章

# 好好說話，從職場溝通中繞開陷阱、找出轉機

鐵則

6

# 溝通能力不是與生俱來的天賦，而是人人都能學會的技巧

——看似平凡的日常對話，正是精進說話技巧的起點

「我知道溝通很重要，也想好好說話，但實在不知道從何下手。」多數主管都會遇到這樣的問題，除了心有餘而力不足之外，更多人甚至根本不知從何做起。

我曾擔任過某家建設公司的諮詢顧問，雙方合作的契機是該公司在某城市擁有市占率第一的耀眼成績，規模雖小卻表現出色。然而，隨著全國性大型承包建設公司興起，這間公司面臨同業競爭，市占率地位也受到威脅。社長也隨即意識到了危機感，想進行改革以突破現狀。

## 「上意下達型」的公司怎麼突破？從精進溝通能力做起

在我觀察之後，發現這是一家**決定權集中於社長手上、老闆說了算的「上意下達型」**公司。對於社長的命令，員工必須絕對服從，且大部分員工都抱持著安分守己的想法，更遑論邀請全體同仁討論發想、腦力激盪，從中找出公司的未來方向。

所謂上意下達，以這家公司為例，上者，就是社長向下發號施令、進行判斷；而社長以外的全體同仁，都處於下位，只要乖乖等待指令即可。

儘管社長本身已有危機意識，看到了公司的未來隱憂，但他無法將自己所察覺到的危機感完整傳達給員工，換句話說，**員工與社長間，顯然缺乏良好的溝通。**

這樣的公司在面對競爭時，若是單純以員工的工作能力一較高下，可能還不算嚴重；但若競爭對手是一家大公司，員工能力普遍傑出，**再加上良好的團隊精神，**要與這樣的公司競爭，恐怕難有勝算。

若想解決這樣的困境，最好的方式，就是讓員工學會溝通技巧的基礎知識。因為溝通能力並不是與生俱來的天賦，而是人人都能學會的技巧。

我在替這家公司進行培訓課程時，對於員工普遍缺乏溝通技巧感到相當震驚。首先，他們對於最基本的問候語「早安」，幾乎毫無反應；甚至在上課時，與講師也是零互動，我很難判斷他們是否有專心聽課。

發現這樣的情形後，我請大家在下一次上課時，記錄自己從一早起床到公司上班的過程中，做了些什麼事情，分享給大家聽。想當然爾，刷牙、換衣服、搭車等，幾乎大部分人的行動都是一樣的。因此，我請大家再多想想，今天來上班的途中，是否發現了什麼有趣的事？

例如，「今天的天空比往常更乾淨」、「馬路不知道何時開始施工的，塞車變得好嚴重」等，像這般極為單純的事情，都很值得提出來分享。而在大家分享結束後，我會讓同事間彼此討論，並聊聊看自己對於對方的趣事有什麼想法。

像這樣平凡聊天的場合，其實正是能充分提升溝通能力的最佳環境。請大家記住：溝通能力是可以訓練的。即使是知名主持人中居正廣，或是各電視臺的當家主播，**他們儘管天生擁有比其他人更好的口才，也需要後天反覆的練習才能精熟**，而能夠掌握關鍵技巧的人更是少之又少。

## 重複應答、提問的過程，將對話拓展開來

再次強調，**溝通能力的重點不在天賦，而是技巧**。首先，**點頭附和、發出聲音回應對方**，或是延續前面提到的塞車話題，**以發問的方式回覆**：「那麼後來你上班有遲到嗎？」就能將對話拓展開來，這些都是最基本的做法。之後再以此為基礎，慢慢提升其他溝通技巧與能力。

而在幾次課程之後，即使這些員工之前幾乎不擅溝通，藉由相關的課堂演練，每個人對於情感表現的掌握能力、與同事間的對話內容品質，都有顯著的提升，變得更加得心應手。甚至連那些公司裡最資深、年屆退休的頑固前輩，也透過**不斷重複的問候、應答、同意、提問等過程**，學會了與人溝通的技巧，連他們自己本身都很驚訝。

就像這樣，掌握基礎技巧後，員工們便能更圓融地與人溝通、並將之活用在工作上，我明顯地看到他們的改變。過去那些認為「來上班只是為了餬口飯吃」的員工，逐漸發現工作中的「快樂」這個附加價值。為什麼會有這種轉變呢？這是因為**隨著溝通能力的提升，彼此之間的感情也跟著升溫；工作變得有趣後，也就不再這麼排斥來上班**，這是必然產生的因果關係。

而在公司管理方面，眾人精進溝通技巧之後，同樣得到非常大的收穫。當員工對工作產生期待，便會把上班這件事視為自己有興趣的活動，並更加樂在其中、發揮更大的力量。簡單來說，**當「工作」＝「有趣的事」，人們就會更加自動自發、投入熱情與心血**。

## 主管與部屬是兩種不同腦袋，怎麼解決？

當這家建設公司員工間的溝通變得活躍之後，辦公室氣氛也越來越融洽；**大家不再是等待命令，也會提出自己的意見，整體業績再次向上攀升**，締造了新高峰，更重新恢復了昔日的業績與市占率。而在人事任命方面，過去若有員工辭職，通常會招募有經驗的人員遞補，但自從改善溝通方式後，該公司更加看重人才培訓，也願意招募剛畢業的社會新鮮人，作為未來的儲備幹部。

領導者總是懷有強烈的信念，想要讓自己的團隊成為第一名，但部屬們很難嚴肅看待此事；領導者想要讓團隊的氣氛更融洽，部屬們卻下意識地排斥這種工作上的關係建立。換句話說，**領導者與部屬很可能根本就抱持著對立的想法（但你對此一無所知）；領導者搞不清楚部屬的心思，部屬對領導者的不滿則是日益積累。**

但這也不是什麼稀奇的事，若從工作的原點思考，會發生這種差異只能說是理所當然。因為部屬（勞方）本身的工作動機，與領導者（資方）本來就不一樣，甚至說雙方長著不同的腦袋也不為過。

若對兩者之間的鴻溝置之不理，只會不斷加深隔閡；**一間公司若全是被動地等待指令的員工，領導者便會越發認為凡事只能靠自己做決定。**這樣一來，就會更加重領導者本身的工作負擔。

因此，領導者一定要**不斷精進溝通技巧，確實將自己的想法傳達給部屬**，與部屬培養良好的溝通管道，在提升組織、團隊力量的同時，更要特別留心那些能自動自發、積極參與工作的員工（多加拔擢、栽培等，未來可能會幫上大忙）。而為了達到這個目的，必須持續磨練團隊成員的溝通能力，讓你有機會看見璞玉；璞玉也更有機會被你看見。

**什麼都不教的主管才厲害**

藉由日常閒聊精進溝通技巧，不論點頭附和、出聲回應或提問，都能拓展對話，上班也會變成樂事。當「工作」＝「有趣的事」，人們就會自動自發、投入熱情與心血。

鐵則

# 7

# 只要三分鐘，引導部屬思考最重視的事，協助他釐清現況

——從大方向看工作，從未來逆推回來的「逆向思考」

身為領導者，每天為了眼前的工作（包含處理自身業務和確認部屬的業務）東奔西跑是職責所在。然而在忙碌中也別忘了思考，自己心中真正的理想領導者應該是怎樣的模樣，並朝著此目標前進。更值得注意的是，**所謂「最理想的領導者」，不應該以公司所期望的樣貌為基準，而必須是你心目中所希望的那樣。**

那麼，換個立場來看，部屬的心情又是如何呢？

或許，你的部屬正被業務壓得更喘不過氣來，情況說不定比你嚴重。大家都是血肉之軀，若老是被工作壓得喘不過氣，總有一天將身心俱疲，不是生病倒下就是選擇離職（相信不少人都面臨過這樣的處境）。

## 指導不必真的教，你問他答就夠

正因了解工作不容易，身為主管更應該體諒部屬，**協助他們規畫未來目標、達成公司的期待，並強化他們自動自發的工作動機。**

這裡介紹一個以「逆向思考」為基礎的溝通方式，可引導部屬找出心中最重視

## 圖表4　三分鐘指導法的步驟與意義

明確目標 → 掌握現況 → 釐清差異 → 決定行動方案 → 總結回顧

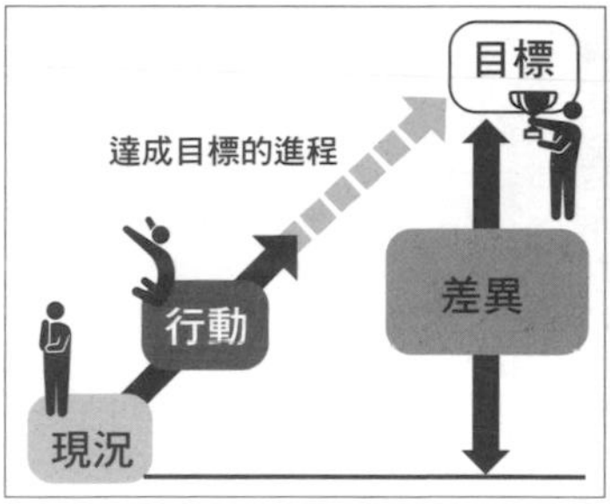


**幫助員工釐清現況與目標之間的差異，你可以這樣引導發問：**

- 你認為最理想的狀況是什麼模樣？該怎麼做比較好？
- 假設理想狀態是100分，現況你會打幾分？
- 理想狀態與現況之間的差距是什麼？
- 為了填補這樣的差距，你覺得能做些什麼？
- 我們這段談話，有沒有讓你發現或察覺什麼？

的事，並同步調整未來方向。我將此方法命名為**「三分鐘指導法」（見圖表4）**。

正如字面所述，這項指導法只需要三分鐘即可完成，不僅能避免長時間談話的尷尬與效率缺乏，且不受限於人事時地物。順道一提，所謂**指導（coaching）**，是指運用以下方法，例如**傾聽**、**詢問**、**同感**、**回饋**、**建議或要求等方法**，**做球給對方**，引導對方重新審視平時常被忽略但其實很重要的事，或是挖掘出他的潛能，是一種能促進對方改變行動的對話技巧。

而在實際操作上，可以先用「最近還好嗎？」開場，聆聽對方的煩惱，讓他明確知道，你要問他一些事情。接下來，請試著按照以下順序提問：

**一、打探對方認為最理想的解方／狀態？**

↓你認為最理想的狀況是什麼模樣？該怎麼做比較好？

**二、接著詢問現狀**

↓與理想狀況相比，你認為你現在的情況如何？

**三、詢問理想與現實的差距為何？為何會有這樣的差距？**

↓假設理想狀態是一百分，現況你打幾分？這樣的差距從何而來？

**四、詢問為了填補差距，必須採取什麼行動**

↓為了填補這樣的差距，你能做些什麼？

**五、詢問對方感想**

↓我們這段談話，有沒有讓你發現或察覺什麼？

對方若能將理想狀態描述得越詳細，就越能聚焦於具體的人事物上。因此，當部屬回答得很抽象時，不妨試圖引導：「你說的這句話是什麼意思呢？」、「能不能再說得更具體一點，你是指什麼事呢？」等。

這個三分鐘指導法的好處在於操作方式單純，只需要透過既有的問句與反覆詰問，就能幫助部屬釐清癥結點、明確了解理想與現況之間的差距；即使差距極大，但至少有了努力方向。而在這之後，領導者也能**在了解現況的前提下，幫助部屬訂定執行／改善的進程**，不再對管理感到束手無策。

學會這套指導法之後，不僅可幫助部屬，也可反過來套用在自己身上。當你覺得舉棋不定時，就先靜下心「從未來反推、逆向思考」，將當下碰到的問題，與尚未發生的情形兩相比較，藉此從更多角度切入問題，培養宏觀的思維。

**什麼都不教的主管才厲害**

以三分鐘指導法引導部屬釐清現況與理想的差距，並依據他的期望安排最適合的業務與工作進程。這套指導法對主管本身也適用，可培養更宏觀的思維。

鐵則 8

# 人生大事圖表化，帶領部屬回首關鍵事件，清楚了解他們的想法

——與部屬接觸的絕佳時機，就是當狀況發生的時候

前文已反覆提及，主管若要發揮領導能力、提升團隊績效，最大的前提是**了解部屬的現況**。然而當大家都不願表態時，要引導員工說出真正的想法，是一項相當高難度的任務。

根據我的經驗，**想與部屬談心、彼此溝通的絕佳時機點，其實就是狀況發生的時候**。這是因為當工作出問題時，主管便有義務與當事人好好談談，而這種為了解狀況始末的對談邀約更是再理所當然不過。

## 遇事怕麻煩、放任不處理，問題只會越來越嚴重

或許有的主管覺得處理員工問題很棘手，但對領導者而言，這種心態可說是大忌。**若你覺得解決問題很麻煩，日後部屬只會不斷掩飾、使狀況加劇**。員工同時也會觀察老闆，當員工知道上頭不太插手管事，他們就有可能企圖掩蓋問題，出現底下的人隻手遮天的狀況。由此看來，主管的放任與置之不理，正是使問題惡化的最大原因，同時也會造成團隊內部溝通不良。

為了不讓問題變得更嚴重，主管可以在狀況發生的當下，立即召集所有相關人員共同討論。如此一來，不僅可以防微杜漸、控制問題造成的損失，同時也能利用這個絕佳機會，了解部屬到底在想些什麼。

在這個時機點，主管必須詢問部屬，**在這次的問題當中，你學到了什麼？未來可以採取什麼預防措施？**詢問部屬的同時，或許會聽到許多他們對公司的抱怨，這是因為犯錯和糾紛大多脫離不了「人和」與「制度」等因素，此時，你得耐心探求部屬內心真正的想法，而不是下意識地一概否決這些不中聽的話。換句話說，**你必須先成為一名聆聽者。**

團隊成員之間若沒能相互理解，**初期對彼此產生的不滿**，以及工作上的認知差距，將會**使抱怨的情緒持續高張**。舉例來說，工作時間被壓縮、人力不足、工作分配不均等此類員工常見的不滿原因，基層與管理層的想法雖難一致，但主管仍必須盡可能引導部屬，問出他們內心對於公司的真正想法，以及日常生活困境等訊息。

詢問過後，或許會得到類似以下回答：「前輩總是胡亂指派工作給我，我覺得很煩人！」、「很多事我都還不熟練，我想提升技能，需要更多作業時間和指導。」、「我一個人要負擔二～三個人的業務量，根本吃不消。」主管們聽到員工的抱怨之後，就要**從中洞察團隊整體目前的瓶頸、一直以來被忽略的疏漏、或當事人內心不為人知的矛盾。**

## 一條線畫出人生重大事件，回顧關鍵、喚醒初衷

覺得無力前行時，可套用第一章的鐵則5，詢問員工加入這家公司的初衷是什麼？在這份工作上，他最重視的是什麼？以下介紹的「人生回顧圖表」，同樣可協助部屬回憶自己的人生歷程（或引發本次風波的事件始末）。主管除了能藉此理解部屬的心情之外，也可更深入認識員工，未來在安排工作任務時，就能達到真正的適才適所。

人生大事圖表化（見第七十二頁圖表5）的操作方法，可參考以下方式：首先，請部屬在紙上畫一條線，並寫下自己的年齡作為時間軸；再依序填入印象深刻、具關鍵影響的事件。接著**請部屬告訴你，當那件印象深刻的事發生時，他當下**

**圖表5**
**利用人生回顧圖表帶領部屬回憶過去的關鍵事件**

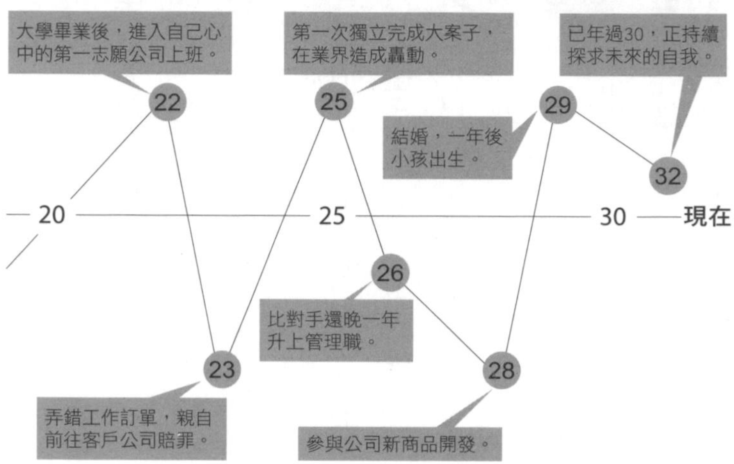
大學畢業後，進入自己心中的第一志願公司上班。
第一次獨立完成大案子，在業界造成轟動。
已年過30，正持續探求未來的自我。
22
25
29
結婚，一年後小孩出生。
32
20
25
30
現在
26
比對手還晚一年升上管理職。
23
28
弄錯工作訂單，親自前往客戶公司賠罪。
參與公司新商品開發。

**最原始、直接的心情是什麼。**

舉例來說，第一次獨自海外出差拜訪客戶、成功簽約的興奮心情、與客戶發生糾紛，前輩鼎力相助的感謝心情、或是人生中第一次領到薪水，有能力支付父母孝親費時的感謝與自豪心情等。

這些正是現實生活中，人類透過工作、職場才能獲得的重要情感。就長遠的目標來看，把握這些重要情愫、描繪出理想的輪廓，原本對於未來很模糊的想像（例如成家立業、壯遊世界等），就會變得更加清晰。換句話說，人生回顧圖表可幫助部屬清楚建構出想要的未來。

## 成為部屬的職場安全網，降低情緒性衝突

**比起負面情緒，懷抱正面情緒會讓人們在工作上產生更好的表現；**而正面情緒，往往要靠開心、興奮、感謝、成就感等心情才能催化。將心情轉為可視化的圖表，讓員工檢視自己完成過哪些事蹟，並隨時放在心上，以積極向前的態度面對工作，是人生回顧圖表的最大好處。

由於這種激勵方式非常有效，我十分堅信與部屬一同回顧過去、不斷評估當前的環境、制定未來的措施和前景，是非常必要的過程。**主管一旦成為部屬職場上的安全網，不改變部屬的初衷，他們就不會對公司產生不滿，**同時也能有效減少你對部屬動怒的次數。

而降低彼此摩擦的機會之後，你就有更多時間與精力執行新事物，舉凡提升業績的技巧、導入新式行銷及經營管理方法，或是嘗試提高生產力的新策略等，充分

掌握團隊的氣氛與狀態，團隊管理不再窒礙難行。

本書開頭即說明「領導能力是一門可供學習的技術」。在與部屬溝通時，只要稍微多下一點功夫，就能提升團隊的向心力與生產力。

**什麼都不教的主管才厲害**

比起負面情緒，懷抱正面情緒會讓人在工作上有更好的表現。透過人生回顧圖表帶領部屬回顧過去重大事件，除了喚醒初衷，也能更了解他們內心的真正想法。

鐵則 9

# 不擅言辭也能辦到，讓部屬自己提出解決方案的「提案型」談話術

——正因為你有話要說，才更應該先聽聽對方怎麼說

晉升管理職之後，你每日的溝通量，一定遠比過去擔任基層員工時還要多。但並不是所有的主管都擁有好口才，一定同時存在能言善道的人，以及拙於言辭者。

社會大眾存在一種刻板印象，那就是**健談的人比較擅長提高部屬的工作動機**。換句話說，團隊裡，能言善道的主管，一定要比沉默寡言的主管還會率領團隊，業績達成率也更高。

然而，這其實是天大的誤解。**口拙的人並不等於沒有領導能力**。我就看過許多沉穩內斂，但仍能帶領團隊不斷成長的優秀主管。

據我的了解，不擅言辭的人，其實並不是不知如何傳達自己的想法，他們最在意的反倒是**話說出口之後，對方所表現出來的反應**。這些人內心通常是這樣想的：「我不過是想說明自己希望對方做到什麼事，對方卻一直回嘴，實在很困擾。」

有時候，儘管主管只是想再次詢問部屬有沒有哪裡聽不懂，部屬卻下意識地偏向負面思考，**覺得主管不信任自己或刻意挑釁**。倘若主管的自尊心強烈，再加上不愛管事的怕麻煩性格，一旦察覺部屬的負面情緒，就會認為全是對方的錯。如此一來，別說是溝通沒辦法順利進行，連團隊的生產力都將連帶受到影響。

由於不擅言辭的主管會盡可能地不願多說話，所以不會主動告知部屬各項細節，而是**概括說明就結束了**；部屬則會害怕「若反覆提問，搞不好會惹得主管不耐煩」，因此也傾向於**不就個別事項一一確認**。在這種「雙方都不願多說」的狀況下，就很容易導致部屬的行動無法與主管的想法相符，主管更會因此惱火。

## 天生口拙無可厚非，為此憤怒卻是自己的選擇

不擅言辭或許是先天特質，無可厚非，但上述狀況的問題點在於「雙方都放棄了溝通，一味地互相找碴」。**主管若總是擔心溝通時引起部屬（甚至自己）不快，不願多說一點把指令交代清楚**，那麼不論經過多久，你都無法提高團隊生產力、獲得良好的工作成效。

每當這類主管來向我求助，我都會這麼問他們：「你會對部屬的行為感到惱火，根本原因在於溝通不良，**但造成這個局面的人，不就是你自己嗎？**」接著，我會問：「你喜歡生氣的自己嗎？」得到的答案大多都是：「不，我不喜歡這樣的自

己。」然而，**選擇憤怒狀態的，不是別人，正是主管自己。**

若你能注意到這一點，就能夠掌握改變自己的選擇權。

此外，不擅言辭者常常會有「反正我就是不會說話」的固執性格，言行舉止很容易散發出**強烈的命令態度（上對下的口吻）**。當員工厭惡你這種盛氣凌人的壓力時，就會更想逃離，也更不願意與你溝通，最終演變成惡性循環。真正要傳達的事項無法順利完成，團隊氣氛也會越來越差。

## 用提問取代命令，激發員工潛力與責任心

不善言辭的改善方針在於，**當你有想要傳達的事情時，首先請先聽聽對方怎麼說。**例如，假設部屬三週後要對新客戶提企畫案。一般的流程通常是：訂定企畫書草案的完成時間，接著花上幾天時間討論修改；經過內部開會研擬後，再向客戶提出定案，將所有步驟與安排向主管呈報。

這時不妨試著**不依照原始流程走**，而是將擬定計畫改成**「提案型」的談話。**

「三週後要向新客戶提出企畫案，**你覺得什麼時候完成企畫書草案比較好？**」

聽到主管這樣詢問，部屬便會依據自身能力，主動提出可達成的時間點。例如：「我應該最快可以在一週之後，繳交企畫書草案。」

此處的談話重點在於，**與其強迫員工接受你訂定的期限，不然讓他們自己思考、安排工作進程**，這亦是形塑團隊合作的重要過程。更棒的是，這種提案型的談話術，主要是由部屬發言，主管是否能言善道就不是那麼重要了。換句話說，你不但不必多說些什麼，還能讓部屬主動提出解決方案，可說是兩全其美。

此外，這種提案型談話術也適用於**員工犯錯時的提點**。在與部屬討論防範對策時，當事人若是以「抱歉，我以後會更加注意」作結，儘管乍聽之下對方似乎深感歉意（對方可能也是真心真意道歉），**但仍未提出解方**，未來同樣的問題很有可能再次發生。

因此，這時請務必**以提問的方式讓部屬回答**。「你覺得下次該怎麼做，能避免這樣的狀況？」、「為了避免重蹈覆轍，該怎麼做比較好？」。如此一來，部屬就必須自己動腦思考解決方案，並激發出更多潛能。

這樣的談話方式，一來可讓部屬知道自己並非孤軍奮戰，他擁有一整個團隊的協助與後援，二來也能深化他的責任心，避免敷衍了事的心態。

不擅言辭的主管無須放棄與部屬交流，改以和緩的口氣提問，藉此取代生硬的命令句型，就能大幅改善你的溝通品質。

### 什麼都不教的主管才厲害

不擅言辭的管理者，建議盡量多用提案型談話術引導部屬發言，讓他們自己動腦提出解決方案。不但能讓部屬更有責任心，同時也達到形塑團隊的目的。

鐵則 10

# 人人都喜歡被誇獎，別吝於讚美，替團隊注入活水

——誇獎的重點不在這個人本身，而是他的行為

在一般的職場環境裡，主管對於部屬的**讚美不僅罕見**，甚至可說是團隊管理中最為缺乏的行為。相反地，主管責罵員工的時間，倒是壓倒性地占了多數。然而，讚美對於團隊的幫助極大，不光是受到誇獎的員工感到愉悅，更對整體氣氛有相當大的影響效果。

**讚美部屬（或其他任何人）時**，重點不應該放在被誇獎者本身的特質或個性，而必須**針對他的行為給予肯定**。舉個例子，比起讚美「某某的性格很開朗」，你還不如說：「某某總是能以最開朗的態度服務客人，周圍的氣氛也跟著變融洽了。」像這樣**舉出具體的事實以稱讚對方的所作所為**，才是最能打動人心的讚美。

接著，假設團隊的行動目標是「做出能讓消費者一目了然的商品說明」，針對那些依循目標完成任務的員工，你應該給予直接的讚美：「你剛才提出的說明非常簡單易懂，做得很好！」這番直接了當的誇獎，能使當下的工作氣氛變得更積極，也可促使員工更樂意完成任務。換句話說，**全體團隊成員將能更聚焦，心無旁鶩地往正確的方向前進，產生更符合目標的效果**。

老實說，從前的我也不習慣稱讚部屬。若想把不習慣的事情練熟，最好的方法是從入門招式開始做起。首先，大家可以先挑戰練習正確的讚美方式。我獨創的人才育成方法中，有一項名為「五分鐘讚美法」的練習。這項方法的基礎，其實是源自美國肯德基總公司內部實行已久的**「認同法」**。

所謂認同法，顧名思義，就是**肯定、認同對方的意思**。我第一次聽到認同法，是二十年前在某家肯德基分店擔任店長的時期。

當時，肯德基的經營方式與其他速食業者並無太大差異，仍是較為傳統的上意下達型。就連時薪制的兼職人員，公司也採取嚴格指導、全面控管的培訓方式，這在那個時代是相當普遍的狀況。之後，日本肯德基導入了來自美國總公司的認同法。然而，早已習慣傳統經營方式的店長們，包含我在內，都感到相當不適應。

## 讚美有助拉近員工距離，團隊更具向心力

「動不動就讚美兼職人員，會讓他們得意忘形吧？」我當時曾說過這樣的話。不過也因為公司具有上意下達的傳統，高層的命令不可違抗，我們這群店長也

只能硬著頭皮嘗試，沒想到團隊竟產生巨大的變化。我努力找出部屬、同事、甚至頂頭上司值得認同的優點，並大方說出口。**團隊在無形之中，慢慢形成一股彼此互相認同的氛圍，出現了前所未見的向心力**；更像是替團隊注入活水，具有重新提振成員士氣的效果。

換句話說，這套認同法大幅拉近了主管與部屬之間的距離。不光是我讚美別人，就連我自己，後續也收到一名十多歲兼職人員寫的信，明確說出他認同我的諸多事實。後來，員工們甚至會給我一些不錯的建議，像是**工作流程如何改善、東西擺放的位置**之類的細節。我也藉著這個機會，把這套誇獎他人的方式發展成「五分鐘讚美法」，應用在工作以外的場合，有效地使周圍的氣氛變得更融洽。

**什麼都不教的主管才厲害**

策略性地運用一般人不習慣的「讚美」，可使團隊氣氛更積極融洽。讚美時，必須針對他人行為給予肯定與認同，並舉出具體事實，這樣的誇獎才有說服力。

鐵則 11

# 超不會誇獎人？先寫下來再說出來，即刻見效的「五分鐘讚美法」

——試著找出部屬優點，逐步凝聚團隊向心力延續前一節的話題，過去我在日本肯德基各分店擔任店長時，曾以美國總公司經營方針中的「認同法」為基礎，開發出了一項**「五分鐘讚美法」**。這個超有效的誇讚實作究竟如何進行呢？以下說明。

## 習慣性地觀察他人優點，並動筆寫下來

「五分鐘讚美法」的操作相當簡單。首先，我會將團隊成員分為三人一組的小團體，並發給每個人一張便條紙。接著，請成員們思考另兩人的優點（意即此人讓你覺得很棒的地方），並寫在紙上。寫好之後，每個人輪流大聲唸出來，並互相傳給對方看；當所有人都聽見、看到寫有自己優點的便條後，就大功告成了。

只要這樣就可以了，五分鐘之內即可完成。

讀到這裡，或許會有讀者忍不住吐槽這是騙小孩的把戲，但這個方法確實非常有效，整個過程最重要的，是能**把平常沒在做的「讚美」變成習慣**。

之所以要把對方的優點寫在便條紙上，是為了**先觀察並聚焦**。實際上，就算是

當初肯德基所推崇的「認同法」，也並非要我們出其不意地走到對方面前，然後天外飛來一筆地開始猛誇對方（如此突兀的讚美，任誰都會嚇一跳吧）。

為了實施認同法，我會指示員工們，當你看到某人的優點，或是想對某人表達感謝之意時，可先將當下的心情寫在便條紙上，後續再張貼在店內的布告欄上（見第八十九頁圖表6）。而被稱讚的人，看到這些讚美自己的文字被公告在人人都能看到的地方，**心中便會受到鼓舞，這有助於提升他的工作動力。**

而在全日本的肯德基門市中，確實進行這項五分鐘讚美法，讓員工們互相寫下稱讚文字的分店，其員工的工作熱忱都能顯著提升，進而提供客人更優質的服務。

當讚美不再那麼難以執行之後，我會接著要求員工們**不光是把讚美寫在紙上，也要練習直接說出口，隨時都能以自然的口吻稱讚對方。**在這樣的過程中，團隊之間就能互助合作，並開始理解他人的優點。這就是脫胎自美國肯德基總公司認同法的五分鐘讚美法。

實際操作之後，相信你會更有體悟。在便條紙的有限空間裡，簡單扼要地寫上讚美的文字，接著大聲唸出來給對方聽。這樣的方式，比起一開始就要你面對面、甚至臨時起意地貿然稱讚對方，相對簡單也自然許多。

## 從日常習慣的讚美，漸漸過渡到實際工作表現

當然，一開始操作五分鐘讚美法時一定會感到尷尬，所以讚美的內容要寫什麼都可以。例如「上次大家一起去唱歌的時候，你的歌聲相當令我驚豔！」、「你穿衣服的品味真的很好，我很欣賞。」、「每天聽到你宏亮的問候，總讓人心情愉悅。」諸如此類，只要能把這些日常裡**透過習慣性觀察的小發現**確實傳達給對方，令他開心就已足夠。

順帶一提，雖然我取名為「五分鐘讚美法」，但在工作場所與部屬實際操作時，不一定非得真的「讚美」不可，寫出你對對方的感謝也可以。畢竟要部屬突然主動讚美他人，任何人都會產生排斥的心理。或者說，在現代競爭激烈的職場環境裡，要讓別人習慣被讚美，並不是一件簡單的事。

除了感謝之外，**大略點出你覺得對方很棒、做得好的地方也是可行的**。再這之

## 圖表6
## 透過五分鐘讚美法促進團隊氣氛並增進溝通效益

給田中經理：

您非常了解自己的能耐，我感到很佩服。您是年輕主管的模範，我從您身上學習到很多。

近藤

阿內：

**上次一起參加的會議，雖然當時沒說，但其實那天我真的很感謝你的幫忙。**

**阿部**

林協理：

彼此有相似的目標，真是讓我又驚又喜。您還考慮朝國外進軍，這份雄心壯志令我相當敬佩！

高橋

小寶：

每次打招呼時，都能聽到你充滿朝氣的聲音，讓人一早就有好心情面對一整天的工作！

坐在你隔壁的阿強

給近藤小姐：

我是個笨嘴拙舌的主管，感謝妳總能在會議中積極發言。期待妳繼續帶領成員一起前進。

田中一郎

我最尊敬阿部學長：

1. 您總能清楚表達意見，這是我很希望能達成的目標。
2. 很感謝您對他人（我也是其中之一）的悉心照顧。
3. 很羨慕您能公私分明，真是太帥了！

阿內

後，為了提升讚美法的成效，當你習慣讚美別人之後，可將讚美的內容，從日常生活的觀察，漸漸轉往與工作相關的實例上。例如以下四點：

**一、這一個月之間，你覺得對方在工作上表現很棒之處。**
**二、你覺得對方做得很好，令你也想仿效的工作態度。**
**三、團隊成員彼此交流時，你覺得對方表顯得很傑出的實例。**
**四、對方如何很有效率地利用時間、迅速完成工作的例子。**

要訣在於聚焦、提出具體事例稱讚。若操作得宜，這套五分鐘讚美法將會是一項非常積極的人際溝通利器。而在團隊成員互相列舉出優點的過程中，彼此的關係也會越來越融洽。

**受到讚美的當事人，會更致力於維持現狀，也會想要做得更好**，讓別人繼續覺得他很棒，更希望有朝一日成為他人的榜樣。藉此產生連鎖效應，使整個團隊持續進步。但這一切的起始點，只是因為大家互相讚美，團隊成員對彼此付出更多一些關心而已。

如此一來，你就能更輕易地催化團隊對於這份工作的共識，更精準地描繪出令眾人滿意、適才適所的管理藍圖，彼此的初衷也會跟著被調校至差不多的水準。為此，**主管本身也必須以團隊成員的身分，參與執行五分鐘讚美法。**

值得注意的是，每次進行五分鐘讚美法時，要把小團體成員重新打散，讓所有的成員都能找出彼此很棒的地方，**使讚美在團隊全員間流通共享**，打破原本的冷漠疏離。

**什麼都不教的主管才厲害**

習慣性地發現他人實質上的優點，使讚美在團隊全員間流通共享。先讓部屬分組練習，逐步從日常習慣的稱讚過渡到工作表現，後續再擴大為口語的直接反應。

鐵則

# 12

# 不論是誰都討厭罵人或捱罵，試試以「訓斥」取代「發怒」

——掌握思考與行動的判斷標準，避免團隊分崩離析任何人都討厭罵人或捱罵，這個時候，**試試以「訓斥」取代「發怒」**。要讓部屬動起來，檢討與反省是必要的歷程。而當成員違規犯錯時，我認為給予**訓斥**是可行的方式。這是為了讓成員理解工作中的行為準則、斟酌自己的行動。

相較於訓斥，若主管純粹是因為成員的所作所為而生氣、引發理智斷線，並開始對部屬連珠炮似地說教，這就是**發怒**，而非訓斥。在職場上，訓斥與發怒很容易被混淆，某些主管老是無法取得部屬的信任，其實原因就出在這裡。

## 一味動怒，只會害得團隊分崩離析

我年輕時，也曾發生過好幾次類似情形。當時我因為經常對部屬動怒，害得自己陷入管理困境。當然，這與我自己的個性有關，我是個急性子的人，希望問題能馬上解決、任務立即執行，因此一看到部屬未能按照我的指令去做，我就會不顧一切地向對方發飆。日子一久，我漸漸失去人心，團隊成員持續離我遠去，可說是一段黑歷史。

實際上，若想遏止不當行為，動怒的確有效。換句話說，就某種程度上而言，**動怒可減少不當行為的頻率**。然而，這純粹是人們害怕被你怒吼、只想逃避痛苦而產生的動物性本能反應罷了。

因此，**主管若想靠著動怒增進部屬工作表現，成功的機率可說是零**。部屬反倒會因為恐懼而產生壓力，工作表現更加惡化；主管又因為部屬工作表現不佳，變得更生氣，部屬的壓力亦會與日俱增，如此一來就成了惡性循環。團隊分崩離析、人心漸遠、一個接一個地求去，也是意料之中的事。

簡而言之。動怒是因為眼前的對象，做出了不符合自我期待的行為，對其產生的瞬間情感。相較於此，**訓斥則是堅定自我立場與目的性、指示部屬應遵守哪些行為基準行動，並促進其思考**。

主管為了挖掘部屬的能力，必須讓他們發揮自主性。而為了達到這樣的目的，你得**積極培養部屬的思考習慣與行為習慣**。然而，不論是思考或行動，若是沒有一定的準則，人們便很難妥善發揮並執行。而當部屬的行為偏離軌道時，除了訓斥之外，別忘記你還有「讚美」這項工具。若能將訓斥與前文提及的讚美搭配使用，對於團隊能力的提升，將有非常驚人的效果。

## 確立信賞必罰原則，部屬自然理解何謂「高品質行動」

讚美的時機點是當部屬達成目標、甚至超越原先的預期；訓斥則用於相反的場合，例如部屬未能達到一開始設定的目標時，就可使用訓斥這項工具。當然，訓斥的標準與讚美相同，你必須**對事不對人**，重點不在於員工本身或個性，而是依據其行為做出賞罰。

**在經常使用訓斥和讚美的團隊裡，部屬會更容易理解什麼才是能讓他們得到誇讚、避免受罰的「高品質行動」**。反之，不熟悉訓斥和讚美這兩項工具的團隊，其成員就只能利用個人經驗法則，來判斷什麼才是行動基準。

如此一來，對於行為的對錯與否，每位成員都有自己的看法，判斷基準也會因人而異。若此時有新的成員加入，單單只是對標準感到困惑，倒還算小事，但若新人**找不到自己在團隊中的定位**，很有可能因此無法對團隊產生歸屬感。

再者，由於成員之間無法互相理解，彼此的**信賴關係將變得薄弱**，新人無法獲得他人認同、也無從得到前輩的指導；他將不知道自己是為了什麼目的進入公司（喪失初衷），自然也待不了多久，甚至萌生辭意。

儘管社會風氣逐漸改變，許多自我意識強烈的年輕人不習慣被訓斥，但**若是少了訓斥與讚美，將會導致更巨大的損失。**正因如此，主管必須明確告知團隊成員「信賞必罰」的標準，並徹底執行。

**什麼都不教的主管才厲害**

部屬出包時，發怒僅是情緒發洩；訓斥則能讓部屬明白團隊的思考與行動標準何在。將讚美與訓斥搭配使用，可協助部屬在信賞必罰的原則下追求高品質行動。

鐵則

13

# 若覺得「讚美」與「訓斥」都很難做到，可從中性回饋開始練習

——常保感謝之心，有助剷除團隊中的害群之馬

儘管訓斥與讚美能協助團隊成長，但就我的觀察，我必須遺憾地說，**對於部屬漠不關心的主管，其實不在少數**。各位不必因此就對職場失望，因為向我諮詢、尋求建議的人，同樣出乎意料地多。最近才剛晉升為資訊公司管理職的F先生，就是其中一個例子。

這位F先生稱得上是年輕有為，學歷好且見識廣，做事又很有效率，亦曾獲頒年度最佳員工，很快就成為公司裡的新科主管。但自從他晉升管理職後，**對於部屬做過什麼，完全沒看在眼裡**。最一開始，他連該如何向部屬下達指令都不清楚，更別說是訓斥或讚美了。

「比起和部屬溝通這麼多麻煩事，我自己一個人就可以做完這些工作，還能更快達到公司的要求，不是反而比較輕鬆嗎？」F先生如是說。的確，主管經常被公司交辦不得不做的苦差事，與其與團隊經歷一連串磨合才能合作順暢，憑藉自身能力就能把任務完成，在日復一日的繁忙業務之下，的確是比較省事的做法。F先生畢竟擁有優秀才幹，難免會產生這樣的念頭。

但倘若主管一直抱持這樣的想法，未來也只會**將工作視為個人（而非整個團**

**隊）非做不可的任務**。不僅心態沒能提升至管理階層，自身無法成長不說，由你帶領的團隊也不可能同心協力完成大案子。

在這個情況下，我派給F先生的第一項功課，便是**提供部屬中性回饋**。

## 不著痕跡地觀察並給予回饋，使你更有人味

提供部屬中性回饋是件相當簡單的事，遠比前述的讚美、訓斥還要基本，你只需要**每天不著痕跡地觀察部屬，並說出你發現的事情即可**。例如，部屬是否準時上班、天氣轉涼了，提醒他們要注意保暖、雨天通勤時要多注意安全，諸如此類，只要將你所看見的日常事物，原原本本地說出來就可以了。

而在你觀察部屬的同時，便能很自然地看見對方的行為，連帶地也會讓自己的「人味」變得更加濃厚。說得極端一點，你原本只把部屬視為工具，如同辦公桌上的電腦，如今因為這項回饋行為，而認真地將部屬視為「與自己相同的血肉之軀」，彼此之間的距離也會開始拉近。這就是**活化團體內部溝通氛圍**的起點。

在這之後的一段時間，F先生持續觀察部屬，並給予中性回饋，也開始**感受到身為主管的自我價值**。由此可知，這個做法即使是不擅長溝通的人也辦得到。

## 接著，用感謝之心拉近與部屬的距離

而在給予中性回饋之後，**我會接著請主管們嘗試「感謝」**，這同樣也是「讚美」及「訓斥」的前導練習。在以人為本的前提下，先試著從「感謝」開始做看起，可能會更簡單一點。例如，當你看到比自己更早到公司上班的部屬，以往只有一聲「早安」就結束對話。然而，他們是從一早開始，就為了達成團隊目標用心做好準備，並比身為主管的你還要早進公司。主管若對此完全無動於衷，沒有任何感謝之意，其實就是一種**隱形的人才抹殺**。部屬只會認為你把他的認真視為理所當然。

時常表達感謝能讓你變得**虛懷若谷**。當部屬向你道早安，你可以朗聲回應：「早安，今天也謝謝你這麼早來。」如果時間地點不允許，無法逐一感謝，你也可以在全體會議的一開始，針對團隊同仁的付出表達謝意，將自己最真誠的感謝心意，確實傳達給所有人。**主管主動表達謝意，能讓全體團隊有好心情**。此外，感謝也比令人難為情的讚美來得更容易實踐，而在你主動表達感謝之後，員工的工作動機也會跟著提升。

當有越來越多的部屬了解到你的感謝，知道公司對於員工的奉獻，是抱持著感激的態度，說不定連**原本表現不佳的員工，也會跟著改變態度**。

在此額外補充，**讚美有一定的程序與判斷標準，但表達謝意則完全源自於內心的自然反應，可自由發揮**。不論再怎麼細微的事情，你都可以說聲謝謝。諸如部屬順手幫你拿了列印的文件過來、在走廊相會時，部屬主動讓道給你先行通過等。

主管帶頭經常向同仁表達謝意並養成習慣，某天你就會突然發現，不知從何時開始，即使是一點點小事，所有的部屬都會懷抱著感謝之情。到最後，整個團隊成員就會彼此關心，並產生強烈的信賴關係；更由於彼此互相照應，團隊所追求的目標也會更快達成。

怠惰鬆懈、容易放棄、工作態度隨便的人，絕對不會思考一再重複這些行為，最後會給團隊帶來任何不良影響。對於那些人來說，即使周遭的人幫助了他，他也只認為理所當然，完全沒有意識到他獲得了天大的恩惠。當這種情況不斷持續且未獲改善，團隊將會陷入可怕的氛圍中，這在現代職場中屢見不鮮。

若是主管率先帶領大家，從一些微小事物開始表達感激，進而影響周圍其他人，只要對彼此表達感激的人數越多，到最後，**這種自我中心的員工便會變得突兀，久而久之，就會回過頭檢討自己的態度**。

換句話說，主管只要藉由表達謝意，就能發現團隊中的害群之馬，並使之改過向善，實在相當划算。我非常推薦主管們，從現在開始培養感謝的好習慣。

**什麼都不教的主管才厲害**

在讚美與訓斥前，可先從觀察、中性回饋、感謝做起。部屬一旦感受到主管的「人味」，也會改變態度，原本自我中心的員工也會跟著反省，使團隊更團結。

鐵則

# 14

# 無論如何都無法平息怒氣？那就簡單自問一句：「換作是我也會這樣吧？」

——把自己帶進情境裡，從部屬的角度設身處地

領導者的職責之一是激發部屬的潛力，並對他們的工作成果給予支持，串連各個成員與團隊成果。為此，主管與部屬之間必須**持續溝通**，但這中間也有許多人際間的眉角需要留意。

舉個例子，當部屬在會議上回報進度時，若是一直沒有講到重點，聽眾也得不到結論，會議將顯得冗長且令人煩躁。此時，你若是高聲吼叫：「你這傢伙！為什麼不從結論開始說！」像這樣**直接把心中的煩躁感吼出來的做法，就是原封不動地把情緒轉換成怒氣**。這是下策中的下下策，就算你的出發點是想給部屬當頭棒喝，但這樣的喝斥不僅沒有幫助，也無法讓員工理解你為何動怒，更不明白你如此大聲斥責，背後其實有其他積極目的。部屬只會覺得你是個**憑情緒做事的低EQ（情緒商數）主管**。

## 脾氣發得不明究理，只會導致員工報喜不報憂

這種情形倘若一再上演，部屬時常承受不明究理的怒火，開始變得怯縮，可能

連真心話都不願意說出口，彼此的關係又會退回溝通不良的狀態。換句話說，部屬只會持續犯錯，你則會因此更大聲地怒罵。若是部屬直接向人事部門提出抗議，控訴你失職、施予精神暴力，事情就更複雜了。

請各位記住，在事情發生的當下，**若你真的怒不可抑，就直接結束對話、離開現場**，等冷靜下來再繼續談話。否則當你發飆完畢，被風暴掃到的對方，內心勢必會殘留恐懼及嫌惡感。甚至為了避免主管動怒，下次的談話或報告時，他們會傾向**報喜不報憂，你將永遠無法了解事情真相**，這絕對不是值得鼓勵的工作互動。

表面上來看，部屬減少無謂的話語，主管聽來或許輕鬆不少，但你很有可能就此再也無法得到真正需要且有用的資訊；而當部屬不再如實回報工作時所犯的小失誤、選擇看你臉色做事，久而久之便會萌生去意。

對管理而言，最重要的就是**獲得現場第一線的正確資訊**。這部分的資訊流通一旦受阻，將會使你誤判團隊的現狀與改善方式，更遑論提升團隊能力了。

當然，人類是有感情的動物，一定會有喜怒哀樂。我並不是要各位主管「存天理，去人欲」，表現得像冷冰冰的機器人。只是，如果事情發生時你還處於憤怒狀態，就先在第一時間離開現場，讓自己冷靜下來，不要任由爆炸的情緒傷害彼此感情。那麼，這些一觸即發的憤怒該如何處理？在此，我推薦各位一句簡單的反問句：**「換作是我也會這樣吧？」**作為緩衝。

這是非常簡單且有效的問話，以下延續前面提過的例子。當你情緒高漲，正準備對員工飆出嚴厲指責時，請稍作暫停、用力深呼吸，然後以音調上揚的語氣多問一句：「但換作是我也會這樣吧？」

再解釋得更詳細一點，盛怒時，你可以這樣回覆對方：「你為什麼不從結論開始說呢？……**但仔細想想，我自己平時報告時也是這樣吧？**」（記得將語尾音調上揚，像是反省般的自言自語）。這樣的做法，可將矛頭從部屬轉回到憤怒的自己身上，是一種**轉換思考焦點**的技巧。

人為什麼會動怒呢？說穿了，不過是因為把焦點全部放在令你生氣的對象身上；你也會在找到箭靶的情況下，毫不留情地狠狠將怒氣全發洩出來。若能適時將注意力放回自己身上，人就能恢復到原本平靜的狀態。換句話說，你可以從**情緒主導狀態，轉變為冷靜模式**，重新思考：

**一、為什麼我會這麼生氣？**

**二、究竟是哪裡出了問題？**

**三、先別管情緒，要解決這個問題，我能做到哪些事情？**

**四、從這件事情中我學到了些什麼？**

像這樣對自己提出疑問，切換腦中的思考模式之後，你可以接著用鐵則9介紹的「提案型」談話術，讓部屬自行思考如何防止狀況再次發生。如此一來，這次犯下的錯誤，將會成為他成長路上的寶貴經驗。

## 主管有憤怒的權利，但希望部屬不貳過才是目的

我要再次重申，人類有喜怒哀樂各種情緒表現，是再正常不過的事，你不必一再責備動怒的自己，更無須降低自我評價。**一個喪失自信的主管，是很難帶領團隊一起成長的。**

再進階一點的做法是，下次快要發火時，就搶先警覺自己的情緒，並捫心自問：「換作是我也會這樣吧？」**把即將衝出口的怒吼平息下來**，如此一來，連發怒都避免了。

說到底，你之所以會覺得生氣，正是因為對部屬有所期待、希望他們不再犯同樣的錯。主管若能將負面情緒轉換為使部屬成長、共創團隊美好未來的珍貴資源，必然能大幅提升彼此的信賴關係。

**什麼都不教的主管才厲害**

主管可以發怒，但讓部屬從錯誤中成長才是目的。不論你是否把怒氣說出口，都請多問一句：「換作是我也會這樣吧？」部屬會更理解你的用心並記取教訓。

# 第3章

# 以不被撼動的堅強企業為目標，帶領團隊向上的堅持之道

鐵則

15

# 向運動員學習，達到目標共享

# 不論個人或團隊都能持續成長

——沒有明星球員，日本職棒球隊仍能常勝的原因在這一小節裡，我想與大家討論日本職棒的北海道日本火腿鬥士隊。雖然好像有點跳 tone，但我真的很佩服這支隊伍。他們培育出了許多讓全世界棒球迷為之瘋狂的傑出球員，例如投手達比修有、日職最快球速紀錄保持人大谷翔平等。

儘管上述兩位選手現已被延攬至美國職業棒球大聯盟（ＭＬＢ），日本火腿鬥士隊仍在沒有明星球員加持的情況下，持續打入每年的冠亞軍決賽，至今已拿過三次日本大賽冠軍。

## 球隊積極替球員量身打造目標，正是最強推手

這支球隊能維持高戰鬥力的背後原因，正是因為運用了企業經營中的**「共享目標法」**。北海道火腿鬥士隊並沒有讀賣巨人或福岡軟銀鷹等棒球隊的驚人財力，能夠年年砸重金延攬球員，也不將人才當作商品交易。火腿鬥士自創隊以來，多半是以培養年輕球員為主，早在遴選階段時，**便積極了解並配合新入隊選手的想法行事**；雙方正式簽約之前，更會像擬定作戰策略那般，萬般慎重地**為新人量身打造專**

**屬的目標設定。**

舉個例子，同時擁有投手及打擊能力，在日本棒球界有「二刀流」之稱的大谷翔平，從一加入球隊開始，就以「進軍美國職棒大聯盟」為個人目標。由於他**明確表達了意願，球團也積極協助他邁向成功**，這就是共享目標法的成功案例。

這樣的共享目標法，並非只實施在大谷翔平身上，而是所有球員皆是如此。例如A選手希望三年後挑戰大聯盟，球隊就協助他實現目標，努力成為最強推手，持續培植他的實力以達成願望。換句話說，此做法**能讓球隊與球員一起朝著共同目標努力**。而在這樣的操作下，每一位新進的球員都能積極為球隊效力，整體實力總能維持在一定的水準，自然也不必非要把明星球員留下來不可。

而在選手本身的立場上，把自己的目標與球隊共享，一方面**能更安心地實踐自己的夢想**，一方面接受球團給予的溫暖支持，毫無後顧之憂，可說是雙贏的局面。

再舉個例子，二〇一八年，金子弌大選手（舊名金子千尋）離開歐力士猛牛隊，成為自由球員。北海道日本火腿鬥士隊迅速將之網羅，二〇一九年，金子弌大順利加盟，成為球隊新成員。

球隊當然必須先評估此選手是否是他們需要的人才，與球隊**是否有可共同努力的目標**。在了解金子弌大想拿下全國總冠軍的野心之後，球隊也具體描繪了這名選手日後在職棒界的地位、應該提供何種貢獻等未來藍圖。想當然，這又是一名新的明星球員的培訓之路。

## 努力並非為了贏過他人或不認輸，而是實現自己的理想

換作一般職場也是一樣，一旦讓公司確實了解自己的目標、得知自己可得到何種協助、必須付出哪些努力之後，人們便可放心地全神貫注在喜愛的事物上。

人們的興趣與嗜好，若與未來理想產生關連，就會更努力打拚，但這樣的幹勁並不是出自於「想贏過競爭對手」，而是為了實現未來的理想而持續付出。換言之，**你再也不是望著他人的背影，咬牙想著「絕對不能輸」並拚命，而是朝著實現自己夢想的道路努力前進。**

若每個人都能以這樣的態度，專心於志業之上，就不會互相猜忌、互扯後腿，

團隊合作的效益也是來日可期。部屬與主管共享相同目標並努力實踐，得到的結果，將是**個人與團體雙雙獲益**，而日本火腿鬥士隊就是最值得借鏡的榜樣。

## 什麼都不教的主管才厲害

主管應積極了解部屬對工作的期望，透過「共享目標法」努力往正確方向前進，不論個人或團隊都能持續成長；亦無須擔心優秀部屬離職後，無人可接棒的問題。

鐵則

# 16

# 能夠打敗超強隊伍的教練，都會要求選手必須有「這種態度」

——只重結果不問經過，其實是最不負責任的表現帶領團隊時，**培育部屬的過程與最終成果同樣重要**，兩者缺一不可，這當然也是主管必須承擔的重責大任。

工作成果自然是最會被要求的，主管除了讓部屬學習業務上必要的知識與技能外，同時也得提升他們待人接物的能力。但**如果主管只論結果，不在乎過程，不但是不負責任的表現**，長久下來還可能變成**負面的企業文化**，進而損害公司的品牌形象，後續更會被社會輿論貼上黑心企業的標籤。

此外，若你從不要求部屬必要的社交能力、不讓他們學習如何與人互動，部屬將無法在職場上建立互信關係，這也是團隊合作不可或缺的環節。說得再直接一點，整個團隊中若只有主管本人工作能力超強，不就等同於部屬的生產力下降了嗎？

## 從馬拉松哲學取經：一切努力是為了自己

培訓過程與最終成果都能雙贏的關鍵，在於**找到待人處事的應有態度**。若以運動比喻，過程與結果同樣重要的體育項目，當推馬拉松莫屬。

一年一度、令全日本為之熱血沸騰的馬拉松接力賽「箱根驛傳」，始於一九二〇年，這場僅限日本關東地區二十所大學校隊參加的接力賽，必須在兩天之內，於東京與箱根之間來回共二一七・一公里，各校均派出最強的跑者，在這個頂級的馬拉松殿堂一決勝負。

在二〇一九年的大賽中，日本東海大學異軍突起，打敗原本最被外界看好、最有機會奪冠的青山學院大學，取得最後的勝利。而讓東海大學繳出這份亮眼成績單的人，正是知名的馬拉松教練兩角速。

兩角教練在平日練習時，總是反覆對學生說：「我想大家都是因為喜歡跑步，所以才加入田徑隊。**還請各位珍惜這個非常喜歡跑步的自己。**」、「你加入田徑隊是想成為什麼樣的人呢？還請大家為了成為自己心中理想的自己，盡情地奔跑吧！」

兩角教練要選手們**重視自己，並藉由自己所選擇的田徑，反覆琢磨自己想成為什麼樣的人**。而這些方式正是在**引導選手們思考「身而為人應有的態度」**。

透過這樣的指導方式，當選手獲得好成績時，會因為對成績感到滿意而產生自信，進一步往更遠大的目標邁進；相反地，若選手表現欠佳，也會積極檢討需要改進之處，主動尋求幫助，並確認問題所在。換句話說，在這樣的思考下，無論比賽成績好壞，都能成為**進步的養分**，對後續練習與培訓亦有助益。

這項策略之所以能奏效，乃是因為兩角教練一再強調**「努力是為了追尋理想，而非單純追求成績」**。

若團隊採取成績優先主義，選手們將只在意馬拉松成績，並產生過重的得失心，自然也會忽略其他面向，只想得到表面的結果，更遑論從賽事中體悟人生目標。如此一來，別說是箱根驛傳這種需要團隊合作的馬拉松大賽，就連日常訓練時想培養選手相互協調的能力，也是難如登天。

## 主管先樹立正確的工作態度，部屬便會樂於仿效追隨

上述馬拉松選手的情況，與公司的團隊相當類似。

假設身在管理職的人能不斷給予部屬叮嚀及指導：「各位加入這間公司，一定是因為這裡有吸引你們的地方，**請珍惜你的初衷。**」、「我希望大家能透過公司的工

作，持續思考自己想成為什麼樣的人；而為了成就自己、成為理想中的你，請專注於你眼前的這份工作。」

主管若能講出這些教誨，相信部屬一定也會懂得**審慎思考自己的責任**，而非只是為了達成業績或每月領薪水而汲汲營營。更進一步來看，若整個團隊的成員皆是如此，就會因為對工作表現感到滿意而產生自信，往更崇高的目標邁進；相反地，若成員表現欠佳，也會自我檢討與改善，確認是哪裡出了問題，並將之轉換成持續進步的重要經驗。

一旦部屬知道這種態度可協助自己成長，他們就會一直保持下去。因為專注於**每一次的工作任務，都是為了找尋理想中的自己**，而非只是為了應付公司要求而交差了事。

主管應思考**何謂應有的工作態度**，並讓部屬能夠樂意追隨、按部就班，並確實完成。也就是說，**主管應該率先樹立正確的工作態度，等部屬開始仿效之後，再給予強力的後援**。如此一來，部屬將能理解，主管並不只是單純追求業績表現，而是重視團隊中每一個人的發展與初衷，進而**加強部屬對主管的信任**。

比起只看表面上的業績數字，經常將「給予部屬更好的環境」這件事放在心上，將會是現代主管所必須具備的重要特質。

## 什麼都不教的主管才厲害

培育部屬的過程和最終結果同樣重要，而在過程當中，不斷提醒部屬「這一切都是為了追求你理想的自己」，這樣的態度才是能使培訓成功的關鍵。

鐵則

# 17

# 與其追求時下最流行的管理方式，不如好好思考最適合自己的風格

——過度的放任主義，終將造成難以收拾的混亂

在全球化的氛圍下，跨國企業的公司管理與團隊經營，大多推崇歐美企業及新創產業的做法，鼓勵員工相互競合、講求效率與數字，換句話說，**這些企業對於成果的重視，遠大於達到目標之前的努力過程。**

然而，這些來自歐美的管理方式，真的適用於亞洲的企業組織嗎？依據我個人經驗，實在不得不說，未必每家公司都適合這些模式。

## 把客人當討債鬼、隨意遲到早退，美式作風我不敢領教

事實上，我也曾任職於肯德基公司的夏威夷分店，親眼看見了日本與美國團隊的差異。兩國之間確實有著相當大的認知落差及文化衝擊。

由於進修關係，當時我被派遣至夏威夷分店實習半年。夏威夷分店的管理者，毋庸置疑是隸屬美國總公司的幹部，從第一天開始，我就在等待主管下達指示，而其他員工則將我晾在一邊，直到有人開口問我：「咦？你是來做什麼的？」我才意識到大事不妙。整家分店完全是美式作風，但俗話說入境就要隨俗，我只能勉強說

服自己接受。

不過更讓我驚訝的是，這家夏威夷分店的經營風格，實在與我往常的認知相差太多了。為了避免各位誤解，我必須先把聲明說在前頭，並不是每一家美國的肯德基門市都像這家分店一樣。例如員工們在廚房把音樂放得很大聲，一邊跳舞一邊工作，甚至一邊吃零食。當客人進入店內時，員工們也以一副「你有什麼事嗎」，彷彿對方是來討債的方式應對，當客人點餐時，他們還一邊喝飲料。

此外，當地店長既不回應客人，也不約束員工的行為。就我看來，**店長在經營管理上，完全採取放任方式**。後來某次我嘗試製作炸雞，但食譜說明不知所云，讓人一頭霧水，商品的保存狀況也是類似情況，並不能說很糟（至少衛生安全是無庸置疑的），但也稱不上有多好。

我為此反覆琢磨了很久，堅持製作美味炸雞的肯德基創始人哈蘭德．桑德斯（Harland David Sanders），其創業理念不就是「用炸雞帶給人們幸福」嗎？這家位在美國夏威夷的分店到底發生了什麼事？當初的創業精神早已蕩然無存了嗎？這雖然只是個案，但仍令我震驚萬分。員工們的工作態度相當隨便，就連遲到也是家常便飯，早退更是理所當然，甚至不需要任何嚴肅的理由，簡單一句：「我有點累先回去了。」就可以若無其事地提早下班。

店員們完全不將來客當一回事，旁若無人地聊著天、聽著音樂。我真的感受不到他們想要讓客人感到更開心、或是提高店內業績的工作熱情。而這混亂的作業現場，竟得由我接手收拾。這已經不是團隊好壞程度的問題了，而是完全毀滅了我對於「一般人如何看待工作」的印象。

**這個例子告訴我們，以時下流行的美式風格經營管理未必行得通，也絕非唯一的方式。**一切皆肇因於主管的放任，即使是跨國企業肯德基，也還是會有這種誇張的工作態度。

### 什麼都不教的主管才厲害

管理與趕流行無關，美式風格也許輕鬆隨性，員工能夠暢所欲言，但過度放任終將造成難以收拾的混亂，還不如好好思考最適合自己的作風。

鐵則

# 18

## 無須和所有人做朋友，只要掌握一個有力的戰友，從六十分團隊起跑

——馬上要求一百分通常都很慘，從六十分開始比較快

延續上一節的話題，由我接手管理的這間肯德基夏威夷分店的狀況，說是荒腔走板也不為過，但我也因此了解到建立團隊的重要基本要素，那就是必須**先搞懂從業人員在想些什麼**，也就是**從了解你的部屬做起**。

員工們一邊工作一邊唱歌跳舞，連基本工作都無法做好，即使我以實習店長的身分要求他們遵守規定，也全被當成耳邊風。他們對工作與生活的價值觀與我差距甚大，多說無益。因此，我不再要求他們工作完美，而是改為容忍他們的行為。

**這樣的容忍是有意義的，因為我想知道他們內心在想些什麼**。我會避談工作，並多了解他們的家庭狀況、假日從事哪些休閒娛樂，從類似這類私生活話題開始閒聊，**藉由關心他們的想法，從為人與品性著手，讓我更快了解這些員工**。

職場上，管理者若只會單方面對員工下指令，要求他們做東做西，自然無法順利溝通，更會害得管理者永遠也無法了解自己的員工。

然而，從輕鬆的話題中找到對話的契機，便能延長與對方說話的時間、提高對話的頻率，還能從談話中，漸漸了解這個人的心理狀態。你只要等待雙方越聊越多、建立信任基礎之後，再慢慢把話題切回工作即可。

## 避開核心、循序漸進，讓員工對你敞開心胸

員工究竟是如何看待這份工作，或者說，他們對於這份工作的堅持是什麼？這種**單刀直入的問法，對方通常都不太能夠接受，也不會告訴你真實的想法**。因此先從其他地方提問、避開核心，循序漸進是比較好的做法。然後，慢慢地，你一定會找到一個對這份工作抱持熱情、深感興趣且彼此想法相近的夥伴。

由於這些美國員工有自己的文化，喜歡開開心心工作，因此，我並不會特別阻止他們一邊聽音樂或跳舞，一邊在廚房處理雞肉。但於此同時，我也一再強調，**對於來店內消費的客人，我們要一起以歡喜的心情提供服務，供應美味料理讓客人開心**。當我開始了解他們，參與他們下班後的生活，員工們也開始對我產生好奇，會詢問我有關日本的事情，例如日本肯德基的職場狀況，更會主動協助我管理。

某一天，一位員工與客人因商品價格發生爭執。那天剛好店長不在，只好由我這個實習店長作為中間人了解狀況。然而，可能因為我的英文不夠好，反倒讓客人更加怒不可遏。

正當事態越演越烈時，突然有人從背後叫住了我，原來是那位老在廚房邊聽音樂邊處理雞肉的員工。他走到那位婦人前面，拚命向對方說明我的狀況。「他是日本肯德基公司派來實習的，為了了解更多店內業務，他非常努力在學習，請您千萬別誤會他。」看到這位員工替我解釋的模樣，我深深覺得獲得了救贖。

## 主管該做的是認真理解員工，而不是強硬地要他們配合

那次經驗之後，我深深體會到，**管理的重點並非以管理者的角度出發，企圖用指導或教育來改變對方**。主管的首要任務是認真理解所有員工，與他們互相配合，盡己所能做到最好。此外，更別只盯著他們沒做好的那一面，而要盡力找出他們已完成的工作項目並給予稱讚。只要不斷重覆這樣的方法，員工就會變成你可靠的夥伴，之後再逐步增加更多夥伴即可。

還有許多我一開始拿他們沒轍的員工，在我實習結束、即將返回日本時，他們彷彿變了一個人似的，工作時突然幹勁十足，還會主動提供建議，與我討論夏威夷

與日本的差異，像是：「與你的做法相比，我的似乎比較可行吧？」、「你的英文進步很多呢！」等豐富的回饋，比起主管與部屬，我們相處起來更像朋友。

而原本這家店就存在的輕鬆氣氛，更對鄰近的分店產生正面影響，客人不僅感受到食物與服務品質提升，員工和樂融融的工作環境也感染了他們，願意再度消費的當地客群也明顯增加，一切就是這樣不言而喻。

## 越是期待拿一百，結局往往越適得其反

「我馬上要看到一百分的效果。」**身為主管，若總是抱持著這種好高騖遠的想法，等待著你的通常都是反效果。**因此我建議一開始的目標不必太高，就算只設定六十分也很好。同時把時間和精力放在**與員工建立信任關係上**，之後再把目標漸漸拉高到七十分、八十分、九十分，逐步達成你心目中的理想藍圖。

透過這種方式，我在這家肯德基夏威夷分店，奠定了這套我個人的團隊管理基礎。正確來說，這並不是我個人獨創的理論，而是該分店的全體員工教會我這件

事，為此我心懷感激。

主管與部屬互動的時間長短，始終與信賴程度成正比；良好的溝通交流，才是提升團隊力量最快的一條捷徑。

**什麼都不教的主管才厲害**

想與部屬建立信賴關係，得先聊些與工作無關的小事，使他對你敞開心胸。先掌握一個值得信賴的夥伴、從六十分起跑，慢慢與全部團隊的人取得共識。

鐵則

19

# 與部屬一對一談話時，藉由觀察表情、手勢變化讓對話更深入

——透過對話問出對方的價值觀並由此始力

大家都聽過一句職場管理老話，帶人要帶心。換句話說，**管理的最高境界不是領導「人」，而是領導「心」**。

在管理團隊時，如果部屬主動向你詢問經驗談，例如工作處理方式、與同事間的人際關係，甚至工作以外的事情，例如結婚、進修等生涯規畫議題，還請務必珍惜這種機會，並仔細應對。這種由部屬主動親近的諮詢時間，正是拉近兩人距離、提振士氣，並開發其潛能的絕佳時機。

**部屬願意主動與你商量事情，表示他對於身為主管的你有所期待，希望能從你的過去經驗獲得解答**。這本身是一件值得高興的事，但嚴格來說，仍有部分主管覺得處理這些事、與員工交心很麻煩。這種心態其實說不上好，且容易造成日後管理上的困難，還請試著調整，欣然與員工談心。

此外，我更強烈建議，在**與部屬進行這種認真且具深度的談話時，盡可能選在只有你們兩個人的地方進行**。選擇兩人獨處地點的用意，是在於不必擔心被旁人聽到，這樣的環境才能讓對方放低戒心，且毫無保留地吐露真心話。主管更可以大方地把自己的想法告訴部屬，使他更加安心。

以我個人的經驗，我在對話開始之前，會再次確認**雙方都有坦誠以告的共識**，之後再正式進入談話。**人類這種生物雖然狡猾，但大多還是會遵守自己說出來的約定**。事先引導對方說出：「我會說出心中真正的想法。」便能大幅減低說謊或打馬虎眼的情況。

這類單獨面談的重點在於，你必須先確實掌握此次談話的目的是什麼。對話主題不拘，可以無所不談，但請各位千萬不要忘記，這番談話的最終目的，是希望能藉此激發部屬的幹勁與潛能，並使其依照公司訂定的目標執行，達到原先期望的工作成果。

## 適時回應，鼓勵部屬開口，從對話中理解他的價值觀

還有一點要注意，請不要拘泥於談話內容，也不要以業務報告的方式死板板地詢問部屬。在這次談話過程中，你能否發覺哪些事情是部屬在工作中特別重視的？這時的重點在於**傾聽對方在言談中的變化**。

為了達到**理解部屬價值觀**的目的，主管首先要傾聽對方的煩惱，並且在適當的時機給予「原來如此」、「然後呢？」等回應，**不讓話題冷卻或僵化，維持一個易於開口的談話氛圍**。

只是有個動作要小心，儘管人們常說要看著對方的眼睛說話，但在實際操作上必須更有技巧。當人與人四目交接時，會本能地產生緊張感與警戒心。因此，**不妨將眼神放在對方的眉間或鼻周，不要只注視在一個點**，要全面性地將對方的表情與動作盡收眼底，並適時給予溫暖的眼神回應，如此一來，便能減緩對方的緊張感。

當我們觀察對方時，會發現他的臉部表情和姿勢不時產生變化，例如，肢體擺動、手勢動作、聲調提高、睜大眼睛等。這表示**對方的情感受到動搖**，此時我們可以用「沒關係，你再多說一些！」、「具體來說，那是什麼樣的狀況呢？」等鼓勵方式，讓對方將自己內心的想法全盤托出。

由於**感情與價值觀密不可分**，當對方表情與姿勢出現變化時，就代表他的情感出現波動，而這正是可以深入詢問的時機點。這同時也象徵員工知道你已將他的事情放在心上並非常重視；在這之後，他也會更願意在你面前展現真心本意。

了解部屬內心的想法後，你可以接著詢問他，若以公司訂定的目標為終點，他能做到哪些事、目前他已能做到哪些事，透過這樣的引導，部屬一定可以找出一個能同時滿足「公司目標」與「他本人想要」的答案。

這種真心相對的談話，**可讓主管共享部屬的價值觀，而部屬也會更加認同你**，相信你是一位能真心理解他的好主管，雙方之間將形成強烈的信任關係。此外，主管日後在交辦任務時，也更容易理解部屬的想法。大幅提升管理者的溝通對話，以及建立與部屬間信任關係的能力。

**什麼都不教的主管才厲害**

部屬主動找你談心請務必把握，這是增進彼此關係的大好機會。藉由觀察對方的表情與動作理解其心理狀態，並營造適合開口的氛圍讓他說出心裡話與價值觀。

鐵則 20

# 持續操作「不偏離自我」的練習，適時回顧過去，便能使未來更充實

——信念將催生正向情感，同時增強自信

第一章已說明了初衷的重要，員工入職時所抱持的想法，與自身的理想藍圖有著密切關係，而為了不忘初衷，適時回顧過去的自己相當重要。當我們**回顧曾經做過的事，便能使未來更加充實**，對於往後的人生也會有更多憧憬。

## 喚醒淡忘的記憶、檢視初衷，重新找回信念

我之所以鼓勵大家經常回顧過去，最重要的理由是，當你意識到過去、喚醒當初的記憶，那些**曾經在你身上留下痕跡卻被淡忘的堅持**，將會重現在腦海中。

舉個例子，有些人喜歡在工作中嘗試新挑戰，認為這樣的自己很有價值，可想而知，他必定會對工作上的各式新事物感到雀躍興奮並有所期待；有些人則期許自己的工作能夠助人、改變社會，並從中找到自我存在的價值，當他們透過工作讓客人或團隊成員開心時，就會感到心滿意足。

雖然價值觀因人而異，但這一切都是**過去累積而成的經驗**，**也是所謂的信念**。只要過去曾有過類似信念，例如樂於接受挑戰、助人為樂，就一定會在你心中產生

正向情感。而當你於現階段實際接受挑戰、採取能幫助人的行動時，一定會比那些沒有這些信念的人更容易得到滿足、慶幸自己做了這個決定，並充分感到踏實，進而確信自己的選擇是對的。

**當你相信「自己的選擇是對的」，就會產生自信心**；當你充滿自信，就能夠更自然地告訴別人自己在乎的事情是什麼，透過這樣反覆操作，將持續加深你的信念，並讓你越來越願意付諸行動。經由不斷重覆此過程，人們便會持續成長，並更加認識自我，這就是「**不偏離自我**」的過程。主管若能做到不偏離自我，那麼不論碰到什麼樣的部屬、上司、甚至身處於最惡劣的環境，都能讓自己集中精神，不被外界環境所影響。換句話說，這種方法，**正是獲取自由的途徑**。

## 定期安排「不偏離自我」的回顧面談，協助部屬掌握現況

透過回想起自己過去的感受以強化信念、重新掌握自己想珍惜的事物，並發現目前自己的課題是什麼——實際上，這並不是我的原創理論，在海內外各類商業研

修課程當中，這只是入門的基礎課程而已。

當然，這項練習關乎個人隱私，不必在全公司面前進行，建議以**個別約談**的方式較佳。主管挑選與員工進行個別約談的時機點，基本上是從他們進公司之後，定期**（每半年或每一年）**安排共同回顧過去工作上發生的事。主管可詢問部屬，自己究竟是為了什麼而開心、又會因為哪件事傷心難過。透過這個行為，將發現許多令人意外的事。

舉個例子，某位員工剛進公司時被分發到業務部門，因為能夠與客人交流、帶給客人歡樂，他做得非常開心，但轉調其他部門後，與人互動的機會變少，工作動力也隨之降低了，若沒有安排定期回顧的面談，新部門的主管恐難得知員工內心想法，因而痛失人才也未可知。此時可透過以下三點，詢問並與部屬共同檢視初衷：

**一、你覺得要怎麼做，才能再次感受到工作的喜悅？**
**二、什麼樣的職場環境，對你來說是比較好的？**
**三、你想如何改變，哪一種工作能力派得上用場？**

藉由與部屬對話的過程，協助他們找回工作的熱情，並以率直正向的態度面對員工，說明自己希望理解他們的真實情感、幫助他們設定具體目標，部屬的工作方式肯定會隨之改變。為了達成此目的，主管與部屬一起進行這種「不偏離自我」的回顧，是相當重要的關鍵。

**什麼都不教的主管才厲害**

為了保有熱情、持續在職場上打拚，主管得定期安排部屬面談，帶領他們一同回顧過去，確認自己是否「不偏離自我」並持有最初的信念。

鐵則 21

# 回顧塵封已久的記憶，改變愚鈍且毫無幹勁的軟爛員工

——人生中最輝煌的時期，含有對未來的啟示

在這一小節，我要再與各位讀者分享一則，過去我在日本肯德基服務時碰上的真實案例。這位同仁就是靠著回顧自己過往事蹟，重新尋回對工作的熱情。

K是日本肯德基某家分店店長，當時我擔任總公司的督導員，與他有許多的業務往來，前一位督導員對K的評價相當低，認為他非常壓抑，常常自言自語：「反正我就是這樣。」等消極話。就連店裡也瀰漫著**自我放棄的低迷氛圍**。

這位K店長明明好不容易擁有自己的店面，卻完全失去了幹勁，認為再怎麼拚命，也很難有什麼突破，自己這輩子就這樣了。而正當K店長情緒低落到谷底時，我也剛好被分配到督導該分店。

K店長約略比我年長十歲，乍看之下不太像傳說中愚鈍且毫無幹勁的軟爛員工。實際上，由於他的**個性粗獷不太親切**，在人際溝通上碰了許多釘子，很容易被人誤解，因此店內**兼職人員的流動率總是居高不下**。

雖然我覺得這種狀況不得不改善，但從K本人身上，似乎感受不到一丁點想改變的意願。

於是我試探性地問他：「你對這家分店有什麼想法呢？」

「我希望這會是一間能提高業績、讓員工喜歡且願意留下來工作的店。」K雖然嘴巴上這麼說，卻沒有實際作為。這讓我覺得，他根本打從心底沒這樣想。

## 回顧人生的輝煌時期，重新尋回幹勁

於是，我邀請K店長一起回顧關於過去的事，具體來說，我請他回顧以下六個充滿幹勁的關鍵時刻。

**一、為什麼想要進入肯德基服務？**
**二、你剛進入公司時，有怎樣的志向？**
**三、當你結婚時，你對於人生有什麼想法？**
**四、當你榮升店長時，內心有什麼想法？**
**五、當你喜獲麟兒時，你想成為怎麼樣的父親？**
**六、你過去曾在許多分店服務，你最喜歡哪家分店，為什麼？**

當我詢問Ｋ店長這些問題時，原本不善言辭的他，突然像打開話匣子般，源源不絕地將過去的事情傾洩而出。這些問題彷彿勾起了他**記憶深處的壓抑感情**，而這些被勾起的感情，又喚起塵封在深處的記憶。就像這樣，在這一連串的連鎖反應下，回想過去的情景，並在腦海中重整，便能讓一個人重拾對工作的熱情。

漸漸地，我能感受到Ｋ店長閃耀光芒的眼神，就連說話也變得有精神了。

「沒錯！當時我就是這麼想的！能在這裡工作真的好開心啊！」他這麼說。

**人生中最輝煌的時期，含有對未來的啟示**。我聽著他訴說過去的事蹟，內心感到欽佩。身為督導的我與失去幹勁的Ｋ店長，其實也對這份工作擁有共同的情感。

從此以後，他的這間分店有了相當大的改變。

**什麼都不教的主管才厲害**

適時回顧人生中最輝煌的時期，有助軟爛員工重拾幹勁與熱情。將過去的情景在腦海中重整，便會引發一連串連鎖反應，面對眼前的工作也不再覺得無力無奈。

鐵則

# 22

# 將自己的人生所學與團隊成員分享，眾人將加速蛻變

## ——我如何改變顧客評鑑吊車尾的分店，成為全日本第一？

一個團隊透過共享情感，彼此之間便會產生信任關係。我與前一節介紹的K店長就是最好的案例。由於能對彼此說出真心話，溝通上相對沒有顧忌與猜疑。在我們產生了信賴感之後，我問了K這個問題：「身為店長，你覺得如果能做到哪些事，對分店最有幫助？」

## 堅持品質的態度不是問題，就差還沒把熱情分享出去

K店長一口氣說了許多想法，其中一點是**必須讓更多人知道我們家產品的好**，而這也是他當初加入日本肯德基公司的初衷。早在肯德基公司甫進軍日本時（一九七〇年十一月），他就深深被炸雞的美味所感動。

「第一次吃到肯德基炸雞時，我非常感動，原來世界上有這樣美味的食物！肯德基的產品真的太棒了！我想進入這家公司，學習並用心經營這個好味道。」

於是，K店長抱持著**日本傳統職人精神**加入日本肯德基公司；但也因為他的堅持，對於每一塊炸雞的品質都不能妥協，導致其他人對他敬而遠之。在我看來，K

店長的**問題不在於態度，而是溝通需要加強——他無法與部屬分享自己的熱情**。

K 店長又提到另外一點，那就是**必須好好珍惜員工**。他說：「我對每一位離開的員工都覺得很抱歉。父母親好不容易將孩子託付給我，我卻……。我也是個很重視家庭的人，沒辦法照顧好他們的孩子，對大家的父母感到非常抱歉。」他毫無隱瞞地向我坦白了這段心路歷程。

## 全店上下動起來，業績成長一〇%，一年後拿下日本第一

從那次對談之後，我們便開始進行**團隊改善計畫**。當時我大約一個月會到那家店五～六次左右，每次大概停留兩小時。但實際上能與店長談話的時間，頂多一小時，而且並不是每次都有機會與店長說上話。

因此，我選擇**先觀察店長採取了何種行動，並與分店未來目標兩相對照**，再給予店長回饋；同時我也會反問 K 店長對於這樣的回饋，有沒有什麼想法？於是，一直以來總是待在廚房埋頭苦幹的店長，就這樣逐漸擴大他的行動範圍，加入工作的

第一線，開始給予櫃檯點餐的同仁各種關於工作方面的建議。

在這樣的情況下，員工們開始接收到了店長的想法，**雙方溝通管道開始活絡，分店的營業額也逐步成長**。以往，常常會有客人反應：「我點完餐都多久了，東西怎麼還不來？」、「你們家的店員對新菜單一問三不知！」顧客評鑑老是吊車尾。隨著經營方式轉變，這類的客訴案件也幾乎不再發生。漸漸地，客人對分店的評價越來越好，來店消費與回頭客也變多了。

這家分店位於一家賣場中，上門光顧的客人幾乎都是熟面孔，但即使只有老客戶持續來店消費，也非常有幫助，甚至讓**店內業績成長了一〇%**。而這項成績，是在我擔任督導之後的三個月達成的。

一年之後，這家分店在總公司實施的顧客問卷調查中，榮獲**全國排行榜第一名**的殊榮。事後，我再次回顧這家分店究竟有何特殊之處。這才發現，該店簡直人才輩出，**員工一名比一名優秀**，就算是兼職人員也很不得了。其中有位女性員工，一開始只是領時薪的工讀生，在體會到K店長的熱情之後，便決心轉為正職人員，現在更是拚命努力，為分店帶來耀眼業績。而這一切的巨大改變，全都得歸功於K店長當時曾失去幹勁的那段時光。

## 優秀的團隊一直都在身邊，你如何讓成員覺醒？

**激勵部屬時，將焦點放在情感面**，引導對方找出自己真正重視的事物；接著進一步讓對方想像，由這些自己重視的事物堆疊而成的未來目標為何，且要讓全體團隊成員共享這份未來目標，進而實現它，如此一來，團隊將急速蛻變。

換句話說，一支優秀的團隊一直都在你身邊，但要如何才能讓大家覺醒、動起來？請先從相信自己與你的部屬開始做起。

**什麼都不教的主管才厲害**

主管先回想自己從事這份工作的初衷、找出最重視的事物、堆疊出未來目標。接著與部屬妥善溝通、共享你的工作熱情，喚醒每個人的初衷、變身優秀團隊。

鐵則 23

# 明確訂定人事考核標準，能大幅提升部屬積極度，同時磨練你的觀察力

——激勵的重點要放在精神報酬，而非金錢報酬

在主管的職責中，**人事考核**是重要任務之一。正因為這項任務責任重大，許多主管對此相當頭痛。根據一項以中階管理職為對象的調查結果，**有高達七四．八%以上的管理者，在進行人事考核時，常感到煩惱或困擾。**

人事考核制度與部屬薪資息息相關，大家當然相當在意，也常有部屬對於自己的考績不滿。我就曾經遇過這樣的員工，在得知自己的考核成績之後，明顯面露不悅，認為自己怎麼可能和其他人相差這麼多，最後當場發火、大聲抗議。

為此，**不少主管在進行人事考核時，會偏向最保險的做法**；有些主管會因為不想被部屬討厭、或偏袒自己喜歡的部屬，無法做出冷靜客觀的評判。若讓自己的情感影響了部屬的人事考核，當下或許能得到令人滿意的結果，但這種**帶有私人情感的做法**，真的能算是「確實完成了考核任務」嗎？

## 人事考核隨便寫，不但是背叛公司，更是主管失職

首先，主管本來就有義務向公司回報部屬的人事考核結果。而這個結果，會是

建立公司未來願景的重要資源。換句話說，若你以私人情感**無端揣測或偏袒部屬，可說是對公司的背叛行為，也是主管的失職**。

此外，主管還有其他的重要任務，例如協助部屬成長、開發部屬潛能等。若從人才育成的角度來看，人事考核制度不失為絕佳機會，可讓主管盤點部屬一路走來的成長歷練，同時也能**讓部屬更把自己的工作放在心上**，採取更積極的工作態度面對未來。特別是那些不習慣一對一面談的公司，人事考核制度就更顯珍貴。甚至可以說，公司如何看待人事考核制度，將決定主管看待部屬的態度。

比起以數字衡量的KPI（Key Performance Indicators，關鍵績效指標），評鑑員工行為品質和信任關係的**定性評估（Qualitative Assessment）**更難做到。就算公司制定了一套行為準則，並以此對員工進行定性評估，但在過程中，應該還是很難避免主管個人主觀意識的影響。

舉個例子，某公司在每半年一次的獎金考核制度中，加入了定性評估，這樣的考核方式被批為**「太過隨意且不公平」**，引發多數員工不滿的聲浪。其實，這個案例有兩個問題：

**一、缺少具體標準。**

**二、就算建立了具體標準，卻被用於獎金考核制度。**

由於缺少具體有助於提高考核成績的資訊，被考核的員工會認為**自己的績效皆由主管的主觀意識而決定**；再者，就算後續真的建立了考核標準，由於用於獎金考核制度上，讓員工強烈地感受到，通過此考核只是為了獲得金錢上的報酬。

為了解決這兩個問題，主管必須與團隊成員**共享明確的考核資訊**。假設有個考核項目是「與團隊成員建立信任關係，互助合作讓工作順利進行」，評分結果分為三種優良、尚可、欠佳。但這樣的命題仍有下列四個問題：

**一、所謂「信任關係」，具體是指什麼的關係？**

**二、這是從誰的角度看到的「信任關係」？**

**三、要達到「優良的信任關係」必須做到什麼事？**

**四、所謂「互助合作」，是指對哪些人採取了哪些行為？**

上述幾點，若身為考核者的主管與被考核對象的部屬想法不一致，不論做出任何判斷都會讓人感到不公平，而這樣的不公平感，更會加深部屬對主管與公司的不信任。然而，若是將上述事項全都具體以明文規定，不但會是相當龐大的成本支出與負擔，且員工如何依循這些繁瑣的項目，也會是一大問題。

我的建議是，**讓公司考核標準的回饋常態化**。主管必須時時觀察部屬們的行為和工作方式，並從日常觀察中，針對「建立信任關係」與「互助合作讓工作順利進行」這兩件事，**給予員工回饋意見**。例如在每次收到成果的當下，便立即告訴員工「你的做法很不錯」或「這部分稍微差了一點」等回饋。此外，主管若能在公司定期會議上，向員工列舉各種「建立優良信任關係」的事蹟，團隊成員就會更了解你心中那套考核標準為何。

## 獎金有限且慾壑難填，精神報酬才是無價之寶

如果部屬每達成一次工作上的好結果，便能得到主管的評價或回饋，部屬一定

也會深刻感受到自己的成長。如此一來，他們對工作的自主性與積極性也會跟著增加，這就是所謂的**精神報酬**。

更現實的考量是，並非所有管理職者都能決定部屬的金錢報酬，雖然金錢報酬能夠激發員工短期的工作動機，但這始終都只是源自於金錢的誘惑，且一般人對於金錢的渴望可說是慾壑難填（很少有人會嫌自己錢賺太多吧）。因此，**當員工知道不論自己多努力，獎金永遠都只是定額的那一瞬間，便會幹勁全失**。這種「資源有限，慾望無窮」的獎勵，無法長久適用於員工身上。

相反地，**精神報酬的多寡，則完全掌握在團隊的領導者手上——它既免費，同時又是無價之寶**，若從日常生活不斷累積回饋、激勵部屬的工作表現，即使他們在每半年進行一次的人事考核中得到「欠佳」的評價，也會在第一時間反省得到此評價的原因，不公平的感受也會隨之降低。

換句話說，**人事考核的關鍵**，不在於每半年或一年舉行一次的獎金審核制度，**而是應該將日常中對於工作的回饋，視為理所當然的習慣並付諸執行**。透過這個步驟，部屬的精神層面將會獲得成長。此外，隨著習慣性地給予精神報酬，可同時鍛鍊主管的觀察力，在激發部屬潛能方面的能力也會大幅提升。

總而言之，當部屬在成長的同時，行動力也會跟著增加。另一方面，主管對於部屬工作狀況的掌握程度也隨之提高。團隊成員**經常共享定性評估的判斷標準，也有助於提升團隊能力與團隊協調性**。這是我極力推薦的方法。大家若對於人事考核總是一個頭兩個大，不妨試試看。

**什麼都不教的主管才厲害**

主管在考核人事時的定性評估標準必須明確，否則難逃批評聲浪。比起定期定額的金錢報酬，日常工作時習慣性地給予精神報酬才是人事考核的關鍵。

# 第4章

# 改變毫無效率的冗長會議，促進團隊合作的簡易法則

鐵則

24

# 你知道開會的人事費用多高嗎？

## 從成本計算改善會議品質與生產力

——明確每次的會議目標，並評估成本效益

在職場上，參與會議基本上是無可避免的例行事務，而就某些層面來看，**會議就像一面鏡子，真實反映了一家公司的行事作風、團隊能力**。若將會議概略粗分，大致有下列兩種：掌握時間、快速決策的會議，以及緩慢冗長、毫無效率的會議。

## 不在第一時間決定要解決什麼問題，就只是單純的集中談話

假使你是一名會議主持人，最重要的責任是讓會議順利進行，並得到圓滿的結論。否則**會議就只是集中談話而已**，因為大家並沒有從一開始就決定**這場會議要解決什麼問題**，意即這場會議的目的究竟是什麼。

在我擔任人才育成顧問時，有時必須參與客戶公司的內部會議。然而旁觀者清，我一看就明白，**與會人的參加動機不盡相同**，甚至有些人根本沒有出席的必要，只是被要求到場。這種就是緩慢冗長、毫無效率的會議。大家不是七嘴八舌、各說各話，就是陷入長時間的沉默，所有的人都拒絕發言，徒留主持人焦躁地拚命鼓譟。眾人彼此沒有共識，不知該如何結束，也不知重點為何，員工們只是坐等時

間流逝，**以被動的姿態等待會議結束**。

我們不妨先回頭想一想，舉辦會議的目的到底是什麼？是希望員工集思廣益，或是分享資訊，甚至只是一場精神訓話？不論你想達成的結果為何，第一要務就是**先決定會議目的**。如果全體成員未能方向一致，該場會議就不可能會有效率。

## 每週定期開會一小時，一年多花你十二萬人事成本

若進一步以數據分析，大家知道**在公司每開一次會，要花費多少成本嗎？**

例如，每次集合十名月薪四萬元的員工，每週進行一次一小時會議，光是一個月的人事費用就要一萬元，以此為基數，一年增加的人事成本將高達十二萬元。（以每年工作兩百四十五天，每天工作八小時計算）而這只是**每週的例行會議**，尚未計算那些額外召開的臨時會議，以及因開會推遲工作進度所衍生的加班費用。

長期累積下來，對於一家中小企業來說，這樣的成本支出是一筆相當可觀的金額。領導者若能把這樣龐大的數目放在心上，並與會議的結果相互連結，我想應該

不難了解，**冗長的無意義會議所產生的成本，對於一家公司的運作而言，是多麼嚴重的傷害。**

身為管理者，降低公司的無謂支出、回收合理的投資報酬，這是再自然不過的任務。為此，大家必須先確立開會是為了解決什麼問題；為了達成此目的，成員必須討論該做些什麼事、該怎麼做，這就是所謂的**會議策略**。

和其他的業務相比，開會其實是相當珍貴的工作項目，不僅可以讓員工們聚在一起討論彼此心情、共享團體目標，會議若是開得有效率，更是團隊產生嶄新價值與發展空間的大好契機。

## 會議是你布達工作要求、促進員工自動自發的利器

各位身為主管，請務必將**會議目的**銘記在心，並以提高效率為最高指導原則，將之視為管理利器。一次令人振奮的會議經驗，可透過不斷累積，增加成員主動積極的工作動力，並提高團隊成員的產能與動能。比起逐一針對細節緊迫盯人，藉由

每次會議營造團隊氣氛，**讓部屬明白你希望他們做到什麼並自動自發**，才稱得上是管理者的最大成功。

**什麼都不教的主管才厲害**

開會的成本極高，光是人事費用一年就將增加十二萬元。會議最重要的是決定解決什麼問題，並讓與會人員一同討論可行做法，如此才會有效率。

鐵則 25

# 經常執行事前、事中、事後目的思考的「PDCA會議循環」

——與成本支出一樣重要的，是「情感投入」

大至跨國公司，小至個人理財投資，控制成本都是一件重要的事，而開會時，與成本（金錢）一樣重要的是「情感投入」。具體來說，當會議結束後，**與會者的心情如何變化，將會決定他們對工作的態度與行動**，這就是所謂的情感投入。

而為了確保會議的高生產力，必須確實掌握以下三點：

**一、為了什麼而召開此次會議——確立會議目的。**

**二、會議上要做些什麼——確立會議進行方式與策略。**

**三、會議結束後可以採取哪些行動——確立與會者的情感投入。**

各種大大小小的會議都該有目的與意義，沒事先搞清楚就貿然召開也是徒然。尤其是營業額報告這種重要會議，若無法讓與會者理解公司或團隊的下一步動向，使他們掌握具體行動，該會議就不具任何意義。講得更極端一點，若因為缺乏效益而惹得董事長在會議上大動肝火，員工也沒有因此產生覺悟、急於想辦法改善，這場會議就只能淪落為上頭宣洩壓力的場合——甚至連「會議」都稱不上了。

前文介紹的三個要點，都必須**在會議開始前就決定**，讓全體與會者取得共識。舉個例子，假設你要召開一場關於正在進行的**行銷活動進度報告會議**，若事先只告知要開這樣的會，卻沒請大家準備資料，或是沒能說明待解決的問題，眾人很有可能就只將焦點放在進度報告這件事情上，**以為只要單方面聽你說明就好**。

為了防止這種情形，發送**會議通知**時，可用以下方式向與會者說明會議目的：

一、**為了什麼而召開進度報告會議**：每種行銷活動各有特色，為了要讓團隊獲得最大的績效，目前的做法有什麼需要改進的地方？還請大家不吝指教。

二、**會議上要做些什麼**：請大家準備自己看過的成功及失敗的案例，作為討論與發想的依據，會議上也會請各位腦力激盪，想想如何才能達到最大績效，並具體描述，最後將再次確認本次行銷活動的目的。

三、**會議結束後可以採取哪些行動**：無論是否為該行銷專案的負責人員，與會者都必須提出相關建議與執行方案，還請各位於會議隔天下班前回覆。

主持人若能於開會前，便讓所有與會者對這三點達到共識，將有助會議進行，會議時的討論品質也會提升。此外，關於會議後續的追蹤，更可透過第三點檢核。

具體來說，會議通知中最重要的莫過於第三點，攸關與會者的情感投入，這同時也是召開會議的最大目的，與會者可藉此檢視自己的工作品質、完成了多少進度。如果工作內容很難量化，不妨使用以下介紹的**PDCA會議循環**。

## 透過問卷檢討流程，持續改善工作品質

PDCA（Plan-Do-Check-Act）是**循環式的品質管理公式**，可依**規畫、執行、查核、行動**四個步驟，確保目標能夠在理想狀態下達成，並促使品質持續改善。

會議後使用**四階段問卷**（見第一六七頁圖表7），**不僅能有效檢討會議流程，還能將會議時的感受文字化，也能讓參與者更容易思考今後應改善之處**，不論身在何種職位，皆可提升與會者的自覺。另外，對於新進員工而言，也可透過此四階段問卷學習如何主持會議。

## 圖表7　提升會議生產力的四階段問卷範例

行銷會議回饋調查表　　姓名：商務一郎

**1. 會議結束時你的心情為何？**
**（以四個選項確認與會者心情）**

A 得到非常棒的積極正向激勵
B 得到不錯的積極正向激勵
Ⓒ得到尚可的積極正向激勵
D 沒有得到積極正向激勵

**2. 你覺得這次會議應該再多做些什麼，能讓你感覺更好？（第一階段）**

建議將議題再分得細一點，或是讓大家在事先更了解問題點，例如第一線行銷人員在面對客人時常遇到的情況，需要我們支援哪些應答資料，會議上就能提供更有建設性的意見。

**3. 你覺得這次會議有哪些好的地方？（第二階段）**

在說明新法規時，有位新進員工發問，我一時之間沒能掌握他的提問做出完整回答，而人資部門代表在場，並即時提供正確的回應，對我來說是很大的幫助。

**4. 你覺得這次會議有哪些需要改善的地方？（第三階段）**

有部分人發言超時，但沒有要停止的意思，這樣的違規行為會造成大家在會議後半段無法集中精神。我認為應該要嚴格執行發言時間的規定。

**5. 請提出你對會議的建議、需求與問題。（第四階段）**

不知道擔任主席的 A 成員是否想要讓會議早點結束，總結做得相當匆忙，感覺不太好。希望下一次主持會議的同仁，能更注重討論的重點。

此份問卷將用於改善會議生產力，非常感謝您的合作。

高品質的會議是提升團隊生產力的重要資產，事前告知會議目的、說明需要討論的項目，以及期望達到的結果，並在會議後評量本次會議內容；以四階段問卷蒐集與會者回饋，作為下一次會議的改善方向，便能提升會議品質。

**什麼都不教的主管才厲害**

發送會議通知時，必須說明會議目的、需要與會者做些什麼、會議結束後可採取哪些行動，第三點與情感投入相關，尤其重要。會後可用四階段問卷蒐集回饋。

鐵則 26

# 輪流擔任主席、會議記錄、計時員，大幅提升部屬對各項業務的理解力

——以「全員參與」形式養成責任感與自主性

為了讓會議確實發揮實際效用，我會要求大家**全員參與**。

當然不能只是出席就好，而是要讓團隊裡的所有成員都能積極參與會議流程，例如發言、掌握會議方向等事項。舉個例子，過去我在日本肯德基時期，每個月都會固定召開一次分店會議，同時也會**邀請兼職人員負責主持會議**。

我不會心血來潮就隨便指定一名員工，並一廂情願地命令：「下週由你來主持會議！」這樣只會造成反效果，員工一定不會樂意配合你的決策。主管應該**先試探那些積極、充滿幹勁的人員**，請他們發表對於「會議主持人」這項工作的看法，如果這些員工不排斥主持，你就可以用順水推舟的態度，邀請他們主持會議。

## 讓員工透過主持會議，找到與你想法一致的職務代理人

員工對於「會議主持人工作」的看法相當重要，我們不但能從中了解他們對於會議流程的熟練度，也可大致知道這些人對於**公司的想法、目前的問題點、以及未來的展望**。

此外，在實際擔任會議主持人後，他們可能還會注意到以前從未留心的盲點，也就是說，**藉由會議前的思考並實際走一次會議流程，能讓新任的會議主持人更全面地了解公司的問題與對策。**

而透過那次會議，這位擔任主持人的員工對於分店所抱持的想法，將會與身為店長的我兩相一致，達到培訓與扶植的效果。這樣一來，**除了部分非我不可的決策外，很多任務都能託付給這位員工**。而我則可以利用多出來的時間，從事更多對分店和公司有幫助的工作、思考不同的行銷方式，進行更多陌生開發或市場調查，而非單純執行這些現有的事務。

另一方面，由於這名員工擔任會議主持人，比其他員工更加了解分店事務，也提高了他在店內的影響力與工作的積極度。最後，**此員工將可成為店長的職務代理人，店務能力也大幅提升。**

不光是會議主持，其他如司儀、會議記錄、計時員等工作，我也會**採取輪流擔任制度**。在這樣的練習之下，每位員工對於理解自己的任務與分店狀況，亦即工作的理解能力，將會獲得全面且大幅度的改善。

各位身為領導者，自然有責任在會議進行時協助主持人，或是在會議結束後，不論是優點（時間掌控得宜、總結清楚）或缺點（未平均與會者的發言頻率、討論資料不齊全），都應提供回饋給主持人和會議記錄者。

不光是團隊內部，這套制度也能套用在公司上。若老是由主管自己主持會議，可能有礙團隊成員責任感與自主性的發展，甚至帶來負面影響。因此，如果是簡單的部門內部會議，讓全體部門員工輪流擔任會議主持人，也不失為一個好方法。

## 不擅言辭者也應積極嘗試，由主管負起訓練責任

或許有人會懷疑，認為並不是每個人都適合當主持人。當然很多人天生就不擅言辭，但仍可透過事前訓練與團隊合作改善。在這種情況下，你可以有幾種選擇，例如，**請前任主持人適時支援，或是由前任與現任主持人共同主持**等。

即使再不會說話、沉默寡言的部屬，也應試著讓他們擔任主持工作，藉此學習並理解團隊整體業務內容。指導的重點在於，**主管不應抱持著預期心態、一看到情**

**況不符期待便放棄員工，而是必須在其工作弱項上伸出援手。**

說得極端一點，如果你真的覺得自己的員工完全不具主持能力，這只代表了主管沒有用心傳授會議主持要訣給部屬，在管理上有疏失，換言之，就是主管失職。

有些主管會在心中評斷，認為某某員工就是不適合獨攬大局，只憑一次經驗就將該人從名單上除名，這是**求快不求精**的錯誤示範。以「全員參與」的會議形式養成員工責任感與自主性，也是領導者在會議上的重要任務。

## 什麼都不教的主管才厲害

別固定由某一人擔任會議主持人、記錄、計時員等。透過詢問徵求自願者，不但能訓練部屬看懂公司的問題與對策、養成責任感，還能培養主管的職務代理人。

鐵則

27

# 讓討論更加熱絡的「Do」原則，與會人員皆能輕鬆表達意見

——營造鼓勵討論的開放氛圍，你得更具靈活度

會議前便制定好規則，並布達給所有與會人員，可大幅提高會議的流暢度。但會議規則也不是什麼太新潮的玩意兒，大多數企業都有制式範例。常見的都是些約定成俗的規矩，例如：不可遲到、手機關靜音、勿私下交談等。而這些規則大多屬於**禁止事項**，也就是「Don't」規定。

相較於此，很少有公司會明確規定**會議中應該做的事，即所謂的「Do」原則**。實際上，徹底落實 Do 原則，才能讓會議變得有效率且確實解決問題。

那麼，會議上應制定哪些 Do 原則呢？大家可參考以下三點：

一、**每人至少發言三次。**

二、**當你不贊同他人意見時，請直接提出來。**

三、**當你覺得贊同時，請務必表達自己的意見。**

上述三點可說是涵蓋了所有的「Do」原則，重點在於**激發與會者意識**。假設現在要進行約三十分鐘的小組腦力激盪，即使只規定這三項，也能促進眾人熱烈討論。

此外，會議規則不該由主管單方面決定，建議經由全體同仁共同討論，才足以令眾人信服。也就是說，**關於與會者意識的要求，從制定規則就開始了。**

## 自己決定的事怎能不遵守？利用這種心理讓員工自制

若會議規則總由主管決定，員工們就不一定能打從心裡遵守。實際上，**任何由上而下的命令，將容易讓部屬產生得過且過的心態，認為只要自己不要違規就好。**但由全體成員共同討論出來的規則，將在部屬之間產生強烈的自制力，於無形中形成同儕壓力。「自己決定的事怎能不遵守？」這樣的信念會存於他們心中，甚至覺得若違反規定便會對不起大家。

另外，就算是用舉手表決的方式，領導者也必須留意，是否所有與會者都已回應？**若有人堅持不表態，就直接詢問他的理由**，讓對方有機會說明自己為何持反對意見，或是為什麼不參與舉手表決，而非什麼都不說就被迫接受多數人的決定。

又或者，雖然對方舉手了，**表情看起來卻不太贊成**，你也可以直接問他，請他說明他的看法，是否有困惑之處？若對方給予正向回答，那就表示沒問題。人對於自己表現出來的話語或動作，會自然地想要維持在一致的狀態，這是因為人們有保持**一貫性**的本質。

此外，我還建議將團隊共同決定的會議規則，**張貼在所有與會者都看得到的地方**。例如大家已經規定，每次發言必須控制在三分鐘以內，若仍有人太專注發表意見，不小心忽略了時間限制。這時，只要請會議主持人指向公告處，提醒發言人已超過時間，對方通常就能自我約束。

## 實在不好意思發言，就用文字寫在便條紙上

有些人天生口拙害羞，不敢在眾人面前說話，怎麼樣都無法在會議上發言；或是容易緊張，無法根據會議主題，提出有建設性的意見。這種情況下，使用**便條紙**將是一項很有效的方法。

此做法與鐵則 11 提到的「五分鐘讚美法」相同，會議前先發給與會者便條紙，

並告知成員，**若在會議上覺得不方便發言，就將意見寫在便條紙上**。主持人再定時回收便條紙，將大家的意見進行分類，張貼於白板上即可。

這個做法的好處是，不需要看著對方的面孔就能寫下自己的意見。不擅長言辭的人很容易在說話時，因為看到對方懷疑的眼神，而將本來想說的話全部忘光光。部屬好不容易想到的好主意，若因為不擅言辭而告吹，絕對是莫大損失。因此讓與會者透過便條紙表達意見，就能確實留下這些對團隊有益的想法。

再次提醒，**一場成功的會議，必須既不浪費時間且能找到具建設性的方向**。各位身為主管，不僅不能忘記這個原則，也必須在會議上展現出足以應付各種情況的靈活度。

**什麼都不教的主管才厲害**

規定會議中「必須做到那些事」，比禁止事項更重要。眾人共同制定會議規則，可提高與會者意識，促成熱烈討論。若真的不敢發言，可用便條紙以文字表達。

鐵則 28

# 讓會議成為提高團隊合作的強大武器，簡化流程的必要性

——「由我來領導大家」的思維早落伍了，誰還在跟你上對下？

一場以員工為核心的會議，是一個讓眾人共同思考如何達標的環境。主管的立場既不是監督者，也不是裁判，而應該**將自己定位為團隊中的一員**，並以對等、尊重的態度進行對話、傾聽對方意見，這是最理想的會議狀態。

## 擺脫上對下思維，更別用半威脅的態度命令部屬

實際上，無法建立對等關係的主管，現代職場中到處都是。這樣的領導者總是倚老賣老，無法跳脫「老鳥帶菜鳥」的舊式思維，相當落伍。簡單來說，這類主管都認為，**所謂管理，就是「由我來領導大家」**。

這樣的想法當然也沒有什麼錯，讓有經驗的人擔任領導者，一定能避免較多危機，也會比完全沒經驗的人更能掌握解方。但更多時候，這類領導者容易產生**過盛的自尊心，會想藉由告訴部屬答案，墊高自己上位者的身分**。

「這個方案絕對比較可行，你就照我說的去做準沒錯！」一旦主管說出這樣的話，部屬先前一連串的討論、提出的建議都白費了，只能被迫接受主管的想法。主

管召集大家，要眾人空出時間，若只是為了逼迫大家服從他的命令，就失去了召開會議、希望部屬一同討論的目的。換句話說，這一切的付出只造成反效果。

甚至，面對員工的不服從，有些主管還會下意識地以**半威脅的態度命令部屬**。有趣的是，這些主管心中其實也自覺此法行不通，應該要想辦法自我改變。我輔導過的企業個案中，這類主管不在少數。在此要鼓勵各位，會有這種「想改變自己」的想法，其實已踏出改善的第一步了。

以嚴厲的斯巴達式指導聞名的日本棒球教練星野仙一（一九四七～二〇一八年），也於晚年改變了指導方針。由此可知，在這個多樣化的現代社會，主管若堅持自己的價值觀、不願調整領導風格，只會讓團隊成員在做事時變得綁手綁腳。

## 不願意見分歧，卻又鼓勵大家提出不同意見……超弔詭

主管應該要重新認知，**會議本身是一項促進團隊合作的利器**。在亞洲工作職場上，通常**不願看到會議出現意見分歧，但又一味地希望與會人員積極地提出不同的**

**想法**，形成極為弔詭的局面。此時應重新確認會議的初衷：開會是為了提升公司與團隊的生產力，假如成員不願對彼此說出真心話，這場會議將變得毫無意義。

當會議結束後，與會者全員贊同決議事項，這當然最理想的狀態。儘管通常很難達到此目標，但至少經過討論，能讓多數人接受。相較於此，如果大家都不認真發表意見，就只是單純浪費時間罷了。

我們可以將與會者區分為下列五種類型：

一、**競爭者**：自我主張強烈，不聆聽他人意見。
二、**迴避者**：自我主張薄弱，也不關心他人意見。
三、**接受者**：自我主張薄弱，但會聆聽他人意見。
四、**協力者**：自我主張強烈，同時聆聽他人意見。
五、**妥協者**：混合以上四項者。

主管必須扮演**帶領者**的角色，引導不同類型與會者發表意見並互相溝通、理解

**圖表8**
**由主管扮演帶領者，將所有的與會者變成協力者**

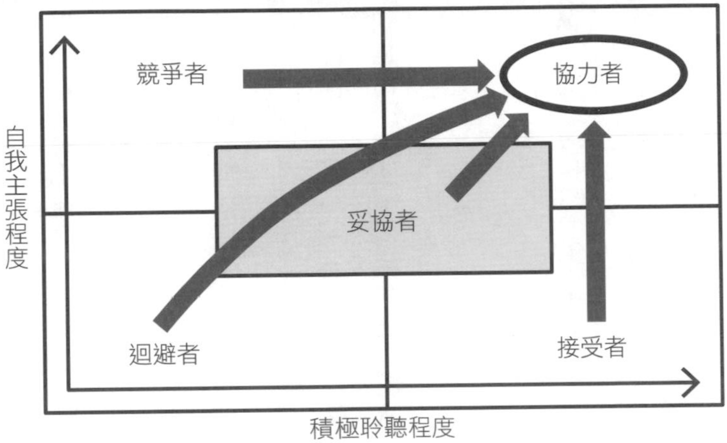


彼此想法、共同找出大家認同的方法，將繁瑣的會議流程簡化，並積極**讓每個與會者都能變成協力者**（見圖表8）。

每個人重視的事物都不一樣，意見相左乃人之常情。在此前提下，帶領會議進行時，並不需要擔心彼此想法對立或爭執，而是透過辯證與討論，順利引導出各自的意見，也能具體討論不同之處在哪裡。這個結果將會讓成員互相了解對方的想法，提升團隊和諧性。

當然，你也有可能從會議中發現新的想法或價值，讓團隊成員朝同一方向前進以實現目標。為了讓團隊按照流程走，我們可以利用**鐵則7介紹的「三分**

**鐘指導法」**。首先，必須確認團隊成員是否對於當下狀況及問題點有共通的認識，接著，再互相討論出什麼才是理想的狀態，並提出各自看法交換意見。

如果團隊討論時出現意見不同的情形，就接著追問是哪個環節出了問題，**人們若越能具體表達自己的想法，對他人的理解程度也就越高**。這麼一來，即使彼此意見相左，也終將理解對方。主管要明確掌握當下形勢，使各個與會者之間的差異（差距）更明確，並徵求別的意見以填補這段差距，最後再詢問部屬感想。

到了最後，就算與會者彼此意見不同，也能夠理解會議要表達的本質，意即**儘管我不同意你的想法，但我還是尊重眾人的決定**，這就是團隊信任關係的基礎。

### 什麼都不教的主管才厲害

與會者可分成五種類型，主管應帶領每個參加會議的人成為協力者。過程中擺脫上對下思維，不強迫部屬接受自己的想法，才能持續為團隊提供新的刺激。

鐵則 29

# 活用會議的分享功能，有效布達政令並預防職場騷擾

——全員集合的時間寶貴，趁此時明定各項規定

我一再強調會議的價值在於**生產力**，必須在短時間內做出眾多決定、安排後續進度，並讓成員彼此分享。話雖如此，開會時絕對禁止只追求快速而不重視品質。

團隊成員各自有負責的工作，如果是外勤單位，更難調度開會時間。好不容易大家都安排了時間聚在一起開會，若只是單純求快、草率地進行會議，可謂本末倒置。為了同時確保開會的效率與生產力，有效進行會議是一門值得琢磨的藝術，可讓團隊成員對公司事務有更進一步的了解，進而達到**政令布達**的效果。因此，在本章的最後，將介紹會議特有的**分享功能**。

## 從會議前就開始分享，散會前也需統整心得

會議有各種多元功能，其中最重要的是分享功能。

分享功能出現在**會議前**、**散會前**兩個時段，這兩段能讓團隊成員互相交流的時間相當重要。會議開始前的分享，主要是讓成員討論會議目的，以及對會議主題的看法；而在散會之前，也應進行本次會議的分享，例如請成員用一分鐘的時間思

考，再用一分鐘的時間與大家分享今天的發現與心得、學到了什麼新事物。

簡單以閒聊方式，請每個人輪流將自己的看法告訴大家，就是一種團隊分享。實際上，**人們很多時候甚至連自己的想法是什麼，都無法正確掌握**；常常是在透過言語方式告訴他人的同時，才第一次對自己的想法進行整理。

會議的分享功能除了能讓人們發表自己意見之外，還能詢問他人的想法，並與自己的想法產生連結，進而得到新發想或刺激，甚至**挖掘出發言者不為人知的一面**。

分享這件事，能讓團隊成員有共同體驗；透過他人的經驗與案例互相學習，也可增強團隊成員的信任關係。領導者若能率先營造出這樣的環境再進行討論，正式會議時就會更順利；而在成員表達自己的意見之後，**主管給予約三十秒時間的回饋**，就能更加深彼此的共同體驗，團隊力量也將跟著提升。

另一方面，如果召開的是**檢討會議**（請員工分享工作時發生的不滿或過失，以避免再次發生相同情形），在這種情形下，**若是太過於追究事情來龍去脈，執著於為什麼會發生此項過失**，很可能演變成尋找戰犯或自我保護，如此一來就失去了會議原本的目的，請務必注意。

在這類檢討會議上，不應過度聚焦於事情發生的結果，而是**如何活用此結果讓團隊變得更好**。領導者以積極的態度向成員分析這次的經驗，成員才能**以未來為思考重心**，達到檢討會的真正目的。

## 活用會議，避免公司內部的騷擾與霸凌

此外，活用會議還能有效防止許多職場問題，例如職場騷擾、霸凌。這些問題都有一個共同結果，那就是當狀況發生時，總公司及相關部門必須耗費許多時間與人力資源解決此類問題。因此，為了防止騷擾和霸凌的發生，召集成員定期在會議上分享經驗，是一個很好的方法。

在會議上，主管要提醒員工，必須藉由**公開談話**，避免碰觸這類職場地雷。不光是剛進入職場的新鮮人、或是過去曾有心靈創傷的人要注意，多數人平常可能根本搞不清楚，**騷擾、霸凌與玩笑話的界線在哪裡，也不知道當自己成為受害者時，應該如何保護自己。**

基本上，我們都希望這種事不要發生，但一旦發生，除了對員工是種傷害之外，對於業績，甚至公司形象都將留下難以預想的長遠影響。然而，正因為這種重大問題並不經常發生，所以更需要從日常生活開始，定期提醒注意。

由於**人們的記憶是由「印象×次數」所構成**，透過主管時時刻刻地耳提面命，例如：「不要讓騷擾行為有機可乘」、「要小心使用社群網路」，讓員工把這些事項放在心上，像這樣有計畫地給予提醒，將可收顯著效果。

領導者藉由一次次的會議，讓成員重視生產力，並且發揮團體優勢、接收各項政令，這才是真正有效活用會議分享功能的好方法。

**什麼都不教的主管才厲害**

會議最重要的是分享功能，除了政令布達，會議前、散會前，都可請員工分享想法，主管再給予三十秒回饋，不但能增進員工溝通能力，也更清楚未來目標。

# 第5章

# 持續進階：什麼都不教的終極奧義

鐵則30

# 學會安定自我，不再聽到部屬抱怨：「我家主管真難搞。」

——只下「自己也能做到」的指令，養成當責的好習慣

擁有不輕易動搖的**自我理想中心軸**，是領導能力的基礎。換句話說，無論在任何情況下，主管內心都應該擁有穩妥且不見風轉舵的初衷。但在全球化、數位化的浪潮之下，社會早已瞬息萬變，公司的經營策略也必須與時俱進、同步修正，甚至時不時就會出現政策大轉彎。

隨著高層政策改變，主管對部屬的指示也得隨之調整，可說是**非自願的朝令夕改**。以下對話常見於辦公室：「這是公司的新規定，我也無可奈何。」、「我知道你的心情，但上頭都這樣命令了。」、「我也不想說這種話，但這是我的職責所在。」

只要主管說出這些話，就永遠別想獲得部屬信任。說穿了，你就是在**命令部屬執行連你自己都無法認同的事**，竟然還希望大家理解，天底下沒有這麼好康的事。

## 上對下體制儘管積習難改，你仍得拒當反覆主管

目前多數公司仍是採取上對下的命令體制，團隊領導者確實無法違抗上級的指示，但主管若只是照本宣科地上意下達，不被部屬信任也是遲早的事。

「我家主管說話總是反覆無常自打臉，我沒辦法信任他。」在眾多企業輔導個案當中，這類抱怨也不少。當然並不是所有的主管都會被部屬評為反覆無常，也是有能夠貫徹上級指示，同時獲得部屬深厚信賴的領導者。

我想強調的是，**沒有任何一位領導者會在一開始就想表現得反覆不定**。那為何會造成這種局面呢？不輕易動搖的主管與反覆不定的主管，兩者的差異並不在於是否擁有與生俱來的領導天賦，而在於他們**對目標的聚焦方式不同**。

該如何避免成為員工口中的「朝令夕改的主管」？舉個例子，假設你突然被公司要求，今年的業績必須是去年的一一〇%，換言之，必須成長一〇%，多數主管會下意識地要求部屬努力工作、達到目標。但對部屬來說，他們是第一次接收到這類指示，完全不知該怎麼做才能達到目標值。

當你發現部屬感到疑惑時，若馬上不耐煩地板起臉孔指導他們，沒有考慮到每個人的特性，就直接硬性分派工作下去的話絕對ＮＧ。儘管你自以為認真，達成主管的職責、完成公司交辦的目標，並確實指導了部屬行動，但從旁觀者的角度來看，**你只是硬將長官下達的命令推給部屬，強迫他們接受而已。**

## 想像自己是部屬，然後只下「自己也能做到」的指令

為了避免這樣的問題，有一個很重要的關鍵點，你必須從部屬身上找出他能勝任這項任務、實現目標的確切理由，並在確認該名部屬有這樣的能力，**以及「若我是他，自己是否能完成這項任務」之後再下達指令**。簡單來說，同樣是以適才適所為原則，主管要先**想像自己是那名部屬，並只下「自己也能做到」的指令給他**，如此一來，就能避免後續部屬因吃不消而失敗、或單純因為你對部屬的不信任而反覆地收回成命的局面。

業績成長一〇%是個非常抽象的概念，如何從中解析出具體的意義；目標達成之後，又有什麼樣的未來在等著我們；團隊又該如何因應、迎接挑戰……這些都是主管需要周全思考的事。

當然，為達成公司訂定的目標業績，或許必須咬牙撐過一段高強度工作時期。為了不讓「高強度工作」與「單純長時間勞動」畫上等號，主管應**預先設想員工會遇到的難關與抱怨**。此外，在讓業績成長一〇%的過程中，主管**不能只是要求員工**

**付出，更該設法讓這些壓力成為部屬成長的機會。**

你可以這樣思考，先想像一下公司命令及自己內心最重視的事。在這之後，為了**讓團隊成長與工作成果兩者得兼**，主管主動將自己思考所得的策略，在會議上與夥伴一同交流分享、確定做法。如此一來，部屬也更能理解團隊目標對自己有什麼意義，進而用自己的頭腦思考，該採取哪些策略才能達成目標。

我們可以這麼說，一旦公司追求的目標改變了，主管就必須**習慣性地將此目標轉換成是自己應盡的職責**，而非一心只想把這個重擔轉嫁到部屬身上。

## 養成責無旁貸的好習慣，負評也將煙消雲散

一旦主管養成了這種**責無旁貸（亦即當責）**的好習慣，就能有效減少來自部屬的負面情緒或反彈聲浪；「這是公司的新規定，我也無可奈何」等禁忌說詞也將跟著煙消雲散。

長久下來，領導者將順利取得部屬的信任，過去部屬總認為主管是「反覆無

常、朝令夕改的牆頭草」、「高層的傳話筒」等評語也將不復健在。

所謂擁有自我理想中心軸就是像這樣。在釀成大禍之前，領導者要**搶在部屬被負面情緒影響前，盡快調整、磨合公司目標與團隊實力**。如此一來，領導者內心的反覆不定也能隨之解套。

**什麼都不教的主管才厲害**

確實評估部屬能力，並設身處地想像自己就是部屬，只下「自己也能做到」的指令。主管千萬別只是照本宣科地把上頭的壓力倒給部屬，必須居中協調、磨合公司目標與團隊實力。

鐵則

# 31

# 提案一次就過，得用無懈可擊的數據說服，讓上頭明白這麼做有何好處

——從沒有哪個只會說「好」的好好先生，最後爬上社長大位

當公司規模擴大，打算進軍全球市場，或因應數位浪潮而必須改革、導入新系統時，這中間一定會經歷痛苦的**磨合期**，使得位在現場的第一線人員疲於奔命。此時，你一定很希望增加人力以緩解狀況，但要是頂頭上司執意削減人事費用，不願讓你補人，遇到這種情況，該如何處理？

如果你直接向上頭反應：「若是再不增加人力，現場恐怕就要撐不住了。」這話雖然沒錯，但上頭也只會淡定地回覆：「公司雇你來管理現場，不就是要你處理這些事情的嗎？」

若被這樣給堵了回去，那就只能摸摸鼻子認輸了。

正因如此，團隊領導者必須**事先準備無懈可擊的數據，以及其他足以說服上頭的資料**，讓公司和高層能迅速理解現場的情況。這些資料大致可分為三大類：

**一、競爭對手的現況。**

**二、相關成功的案例。**

**三、公司可從中借鏡的任何資料。**

目前多數資訊都可輕易在網路上搜尋得到，必要時，也可以動用你的人脈，或是商請專精數據分析、情報調查的智庫獲得最新情報。

若想說服公司增員，必須讓上頭了解，當公司增加現場的人力後，會產生什麼樣的變化，又會帶來什麼樣的效果。為此，**整理出預期的具體狀況等數據，好讓公司高層能描繪出未來的願景與成長，是打動上頭、讓提案一次就過的第一步。**

各位不能直接向公司抗議「不增員會撐不下去」，也不能一味向現場人員布達「高層不了解我們，大家就共體時艱吧」（這種強迫部屬接受上頭政策的做法萬萬不可，請見鐵則30）。領導者必須提出具體計畫，**讓公司確實了解投資新的人力、物力，能得到哪些回報？**這是非常重要的提案技巧。

為了實踐這個過程，**你必須拿出遠比公司高層還要多的耐心和精力**，因為這將是一場「增員戰役」。然而，光是悉心準備資料還不夠，若拿不出與雄厚戰略相當的氣勢與高層談判，最終只會讓部屬失望。

各位身為管理者階層，是現場員工與公司高層的**溝通橋梁**，如果團隊裡時常出現「公司高層都不管我們的死活」這種耳語，就代表你這個溝通者的任務沒做好。

若再不好好處理，除了會讓高層越發不重視你與現場人員的感受；部屬對於高層的怨懟也會日益加深，也會連帶喪失對你這個中階主管的信任。

不可否認的是，中階主管常常被夾在高層與部屬之間。**然而，正因為你是公司與現場的橋梁，更不可能一味地只討好其中一方。**

各階級皆有其職責，現場人員的職責必定是解決第一線問題，但於此同時，主管也可向上提出改變現狀的改進措施，即使當下未能獲得批准，至少也串起了現場與公司之間的溝通、使彼此有機會相互理解。換句話說，主管應該積極扮演向公司提出建言的溝通者。

## 高層要你做什麼一律說好，並不會讓你光速升遷

上頭要你做什麼都說好，**表面上討高層歡心，實際上卻是不斷在降低自己的身價；你越不會拒絕人，你答應的事就越不值錢**，更不會幫你光速升遷。請各位記得，不論哪一家公司，從沒有哪個只會說「好」的好好先生，最後成功爬上社長大位。

工作時眾人因職務、觀點不同，造成意見分歧在所難免。因此更需要透過互相腦力激盪、交換意見，以加深對彼此的理解，進一步產生開創未來的新思維。而被夾在中間的中階主管，不論現場人員與公司高層都很期待你的表現，端看你如何溝通，不辜負雙方對你的期望。

**什麼都不教的主管才厲害**

各種提案若想一次就過，必須準備充足資料以數據說服。中階主管是公司高層與現場人員之間的橋梁，不可能一味只討好其中一方，但仍必須積極替部屬發聲。

鐵則

32

# 他山之石這樣攻錯，從對手地盤裡尋找理想的工作範本

——除了向上位者學習，偶爾也該向基層員工討教，有助打破僵局

當主管也需要參考範本，有些人只知道參考自家公司的領導風格，其範本不是自己的前輩，就是其他與自己處於同樣職位的中階管理者。然而，這種做法很容易陷入「非得按照他們的做法不可」的思維，而忽略了**這樣的視野其實相當狹隘**。

若能試著看一看外面的世界，你會發現職場上還有各式各樣的領導方式。更進一步來說，想要增進自己的領導風格，**觀察另一個與你抱持不同觀點、作風大相逕庭的範本，其實是最有效的方法**。

在我擔任日本肯德基公司的督導員時，曾遇過一位女性店長N小姐。她大約三十歲左右升任為肯德基某分店店長，店內有名四十歲左右男性正職員工，也有其他年齡相仿的男性兼職員工。當時，她在管理店務上遇到困難，無法順利整合整家店，在束手無策的情況下向我求助，希望我能給她一些建議。

經過一番討論後，我發現她對於我建議的所有管理方法，**不論適用與否，她都照單全收**。這種**強加套用的做法毫無意義**，反而害得她無法發揮自身才華。由於我無法改變N店長是年輕女性這個事實（不可否認，管理實務上多少會受到性別與年紀的影響），最後我建議她試著找出最適合自己的範本，不要只侷限於公司內部，也可以參考其他公司的做法。

## 意外地從競爭同業中找到理想的學習對象

N小姐採納了我的建議，參加了各區主管會議，希望從中找到年齡相仿、並把分店管理得很好的人。她還親自走訪了人氣店家、**觀察附近超商的基層員工**。在此特別說明，很多人當上管理職之後，**就忘了第一線人員的工作手感與態度，偶爾回頭向基層員工學習，其實是必要的練習**。此外，N小姐也積極閱讀許多女性領導者的商業書籍、參加演講或研討會，嘗試了許多不同方法。

我請她從眾多樣本當中，不論是歷史偉人也好，電影主角也罷，挑選出一名她打從內心崇拜、想要成為的範本。

沒想到，她最後選擇的理想工作範本，其實就近在眼前。對方是位在她分店旁邊的同業競爭對手M店長。M店長總是帶領員工以笑容面對顧客，並確實指導兼職員工，N小姐某次看到對方乾淨俐落的做事風格，便鼓起勇氣大膽走進競爭對手的店裡打了招呼。

兩人實際交談過後，發現雙方個性很合得來，從此成為真正的好朋友，彼此時常交換資訊、互相切磋學習等。長久以來，N小姐都只知道要學習比自己資深的分店店長，但要年輕女性執行年長男性的領導風格，肯定是不適用的。

為了解決這樣的煩惱，大家應該把焦點放在**「要採取什麼樣的做法，才是現在的我能做到的」，而不是「做不到一定是我的問題，必須想辦法改變自己」**。

這時請試著換一個思考方向，想想看在目前尋找的範圍之外，還有哪裡可以覓得與自己類似的對象，且對方的做法是你能辦得到的。雖然看起來好像繞了遠路，但這其實是找尋理想工作範本最簡單的方法。

## 先在心中設定理想目標，你會發現身邊到處都是資訊

人們會很自然地被自己有興趣或持續關注的事物吸引。這些事物越是具體，越能從中獲得更多你有興趣的資訊。

舉個例子，大街上常看到很多旅行社，若你對於旅行沒有興趣，應該會直接走過，完全不會留意。但當你有一天決定去夏威夷旅行，經過旅行社時，就會不經意地想走進去看看有沒有適合的旅遊資訊。也就是說，儘管過去總是與資訊擦身而過，**一旦用心留意了，那麼你就絕對不會再錯過。**

現代社會充滿了各式各樣的資訊，只要決定了理想的範本或類型，並以其為搜尋目標，一定可以蒐集到許多資訊。最大的關鍵在於，遇到困難時，就試著**敞開心胸，勇敢走出舒適圈**，向陌生的外界學習也不錯。本節介紹的這位N小姐正是因為下定決心轉換焦點，才找到了屬於自己的理想工作範本。

### 什麼都不教的主管才厲害

尋找值得學習的工作範本時，偶爾看看自家公司外的對象，甚至基層員工都值得你效法。一個與你抱持不同觀點、作風大相逕庭的範本，往往能讓你學到最多。

鐵則 33

# 除了向前衝，主管的職責還包括「在列車行進的同時，考慮如何煞車」

——隨時關注部屬的心理狀況，依照現況調整速度與目標延續上一節的話題，跳脫思考框架、轉移既有焦點這件事，不應該只有當問題發生時才要做。領導者在考量平日的業績與成果時，就必須**常常跳脫出來，全方面地切換關注焦點**。

不過大部分的主管很難做到這件事，因為只有當團隊表現得超級優異、完全不用你掛心，你才有餘裕去處理未來的問題。在大部分的情況下，不論部屬或主管總是太過忙碌，導致身心俱疲，光是完成日常業務就已達極限，哪還有能力發想新的做法？團隊也因此瀰漫著固執、難以變通的氛圍。

但領導者總是得想辦法突破現狀，若你老是只將注意力放在達成目標、提升業績，就很容易忽略許多**因僵化而產生的潛在問題**。

## 任何職場上的異狀，都可能是災難導火線

「最近大家好像很沒精神，是什麼地方出問題了嗎？」若你曾有類似想法，請務必留意並仔細應對。因為一個不小心，就有可能引發一場**眾多員工集體提出辭呈**

的大災難。

若你是業務部門的主管，近期突然收到許多有關強迫推銷的客訴，你會怎麼處理？你會在第一時間檢討，正是**因為自己一味地要求業績**，而部屬為了達到目標，不得不向客戶強迫推銷嗎？若你只在乎表面風光的業績數字，自然很難從這些暴增的客訴中察覺異狀。我想說的是，**災難發生前一定都有跡象，而領導者絕非對此一無所知**，大部分的情況都是選擇忽略，放任這些異狀成為日後災難的導火線。

若團隊成員能定期確認並分享彼此的初衷，就比較不容易發生類似問題。然而，即使雙方溝通無礙，也不代表災難絕對不會發生。因為**團隊越是優秀，主管就越容易掉以輕心**，並在不知不覺間偏離了領導者應有的立場。

所謂領導者應有的立場，是指當團隊運作步上軌道，自己不必出力，業務便能順利進行，但這樣的做法有個潛在問題。當領導者與客人直接接觸的機會減少、遠離現場的苦力工作，就會**喪失對時局變化的觀察，與團隊目標背道而馳**。

凡事必須防患於未然，若以園藝作為譬喻，不給予大樹足夠的水分，即使樹木擁有再翠綠的樹葉與香甜的果實，其根部都很有可能已開始枯萎。部屬表現良好時，就像樹木枝繁葉茂、結實累累，正因如此，才更該注意是否給予大樹充足水分。也就是說，主管必須時時刻刻確認員工需要哪些幫助，一有機會就該全盤檢視，眾人所重視的目標是否已被忽視。

## 別因部屬優秀，便放任自己對於現況後知後覺

部屬們若感覺自己越來越接近目標時，不論工作再怎麼忙碌，仍會自動自發地繼續努力向前。然而**當狀況不妙時，主管（尤其部屬能力越強的主管）總是最後知後覺的一個**。等到你終於察覺不對勁，多數部屬早已受盡折磨、喪失工作動力，事態嚴重程度將難以料想。

主管們千萬不可忘記，帶領團隊一定經常伴隨著不可預期的危機，最重要的還是那句老話，**你得和部屬站在一起，積極理解每位成員的想法。**

舉個例子，假設有位員工在面談時，明確表達自己的願望是「希望工作的目的是為了帶給家人幸福，讓他們開心過日子」。在這之後，雖然他的業績持續成長，

但實在太過忙碌，導致每天加班，很難保持良好的家庭生活。

在這種情況下，主管並不是繼續只求業績成長就好，而是要**適時踩煞車**、**調整行進速度**。若你一直對員工的心理狀態置之不理，部屬將會失去努力的動機，甚至失去當初加入公司的初衷，最後很有可能會產生職業倦怠或過勞。

「最近看你比較忙，有好好安排時間和家人相處嗎？」像這樣一句簡單的問候，往往就能使問題迎刃而解，並讓部屬重新憶起自己所重視的事物。

領導者的工作並不是一味地帶領部屬往前衝。更重要的是，經常確認團隊是否朝著正確的目標前進，並真心關懷員工，依照他們目前的現況調整行進速度，讓團隊能一次又一次地回歸正軌、繼續前行。

**什麼都不教的主管才厲害**

帶領團隊不是一味向前衝就好，方向正確、無人落隊更重要。為此，主管必須持續與員工對話、理解他們的心理狀況，發現異狀時更要立即處理以防患未然。

鐵則 34

# 別被上頭帶風向，覺得迷惘時，重新正視現狀，回顧你的管理藍圖

——找出消極情感背後的真正原因，然後解決它

本書第二章曾提到，藉由日常生活中不斷反覆執行感謝、讚美、訓斥、回饋等，可建立與部屬之間的信任關係，這也是提升團隊力量的關鍵所在。本節將進一步討論，這種**主管與部屬彼此信任的團隊力量，可成為保護你的盾牌**。

曾有一位A小姐來找我諮詢，她任職於一家食品公司，工作煩惱來自於頂頭上司D常務董事，這位D先生是所謂的**威權型主管**。

D主管只要看到底下的人犯錯，就會大肆怒罵。A小姐的部屬雖然時常找她抗議，抱怨常務董事嚇人又大聲，能不能設法解決，但A小姐完全束手無策。

更令人無奈的是，每當有人因為D主管的惡劣態度而選擇離職，造成部門人員流動率居高不下時，A小姐又**總是首當其衝，被公司當作檢討的箭靶**。面對D主管這位麻煩製造者，A小姐每天只能生悶氣。

在這個案例中，A小姐生氣雖然情有可原，但更嚴重的是，**她任憑自己被負面情緒支配、喪失最重視的初衷，更忽略了自己理想的管理藍圖**。換句話說，A小姐**錯把焦點全放在D主管身上**，傻傻地被上頭帶了風向，這才是最高的成本支出。

A小姐對D主管的所作所為感到惱火，而這樣的惱火剝奪了她自己的時間。實際上，引發她怒火的背後因素為，A小姐想擁有能安心、盡其在我的主導權，**不希望自己的團隊領導被頂頭上司干涉**。若沒有D主管找麻煩，A小姐就會把目光放在部屬而非頂頭上司身上，並充分思考與部屬一起工作時，該怎麼做才能達到充實的狀態。由此可知，她潛意識的想法是——我應該要帶給部屬影響力。

也就是說，造成員工情緒低迷的真正原因，不在於D主管這個人，而是在於當頂頭上司不分青紅皂白、直接越過A小姐下達指令時，身為團隊領導者的A小姐卻**什麼也不能做**，只能被動地聽取部屬宣洩不滿情緒，這個現狀才是問題根源。

為此，我建議她設立兩個目標：

**一、消除D主管越級（且煩人）的上對下指示。**

**二、建立一個讓部屬以A小姐為運作中心的團隊。**

由於第一個目標屬於體制層面問題，無法立刻解決，因此先暫緩處理。而第二個目標，既然A小姐已是團隊領導者，只要她有心面對，應該不難辦到。

我研擬的具體方式如下：

**一、身為團隊領導者，必須明確建立團隊的理想模式。**

**二、為了實現該目標，應採取特定行動，同時讓團隊成員達成共識。**

**三、團隊應保持密切溝通，她必須個別聆聽每位成員的煩惱或問題。**

以上三點其實就是將領導者平時**建立團隊**的職責，透過A小姐所持有的管理權堅決執行，恢復以往被D主管中斷的上下溝通管道。如此施行了一陣子之後，部屬與A小姐對話的機會變多了，她也更能了解部屬的想法，整體團隊的怒氣得以舒緩，重新凝聚了部門的向心力。

但另一方面，A小姐仍無法完全消除來自頂頭上司的職權騷擾，因此她決定要**以這股重新凝聚的團隊力量來對應**。此階段的團隊方案如下：

**一、D主管的指示由團隊成員共同承擔，大家一起解決問題。**

**二、部屬如果對D主管有意見，優先向A小姐報告。**

**三、儘管A小姐還沒找到解方，但首要之務便是聆聽部屬想說的話。**

後來，儘管D主管的職權騷擾沒能改善，**但由於團隊溝通緊密、成員彼此交流意見，工作表現大幅提升**。部屬內心想法也有了轉變，他們終於了解，一直把時間花在生氣上，只會降低工作效率，還不如先將情緒放在一旁，以團隊目標為優先。

## 團隊氣氛是消極或積極，可由中階主管掌控

對於企業組織而言，最糟糕的莫過於**團隊成員皆以消極的態度面對工作**。如果員工把態度消極視為理所當然，只會對工作越來越不滿，表現也跟著變差，職場人際關係也會變得緊繃，最終員工將會陸續求去。

然而，**團隊氣氛是消極或積極，是中階主管可以掌握的事情**。當然，任何團隊都很難一直保持積極的態度，這就是為什麼**持續了解現況、重新檢視目標**，對於團

隊建立非常重要。

團隊出現來自外部力量的壓迫時，領導者要設法找出問題根源，掌握大方向。首先要從改善團隊狀態做起，適時調整工作氣氛，這正是一名優秀的中階主管所應具備的領導能力。

**什麼都不教的主管才厲害**

面臨上頭的壓迫，團隊怨聲四起時，中階主管仍得堅守溝通橋梁的崗位，持續了解現況、轉移抱怨的情緒、重新檢視目標，使團隊氣氛恢復積極向上。

鐵則 35

# 從根本解決問題，把麻煩的應酬變成有利的談判環境

——減少七成以上部屬怨言、收服威權上司的必勝攻略

延續前一節的話題，解決了A小姐與部屬之間的問題後，我接著要處理的是她與D主管的相處難題。

我不僅僅希望能改善A小姐與這位頂頭上司的關係，更希望她能**借力使力**，**更上一層樓地提升自己的工作價值、創造更多空間和話語權**。因此這道關卡能否順利通過至關重要。

## 害怕與主管獨處，溝通障礙就永遠不會解決

A小姐原本就對威權式的D主管心懷恐懼，深怕一不小心就說錯一句話，惹來一頓罵，遲遲不敢跨出改善彼此關係的第一步。某日下班後，D主管卻意外地親自邀約A小姐一同用餐、聊聊工作規畫。

A小姐懷抱著不安的心情，想著：「這雖然是一個了解對方的好機會，但實在太恐怖了，簡單應付一下就快快回家吧。」

一路上她心中持續忐忑，到了餐廳後，雖然A小姐一直處於坐立難安的情況，

但在談話過程中，卻聽到D主管坦率地脫口而出：「我看現在那些第一線人員，好像沒有一個能發揮領導能力啊！」

「那麼，D主管，您認為的領導能力是什麼？」A小姐大著膽子提問。

D主管經過些許思考後，這麼回答：「果敢正派，能帶領團隊成員努力向前！**如果每一個人都只會看我的臉色做事，那將來還得了？**」

A小姐眼見機不可失，連忙順著話頭向D主管發問。就和前一節提到的團隊建立原則一樣，她問了D主管以下三個問題：

**一、團隊應該抱持什麼樣的目標？**

**二、團隊必須具備什麼樣的能力？**

**三、為了達成目標，團隊必須採取什麼行動？**

透過這次的談話，A小姐發現看似愛亂發脾氣的D主管，竟然一直默默地在觀察團隊成員的表現，著實令人意外。此外，A小姐也了解到D主管與自己抱持著許多同樣的想法。例如：「希望本公司出產的食品市占率更高，讓消費者在享用時能感到美味、幸福！」、「希望成為一個能被眾多求職者夢想錄取，可獲得社會普遍認同的企業。」

聽完這些話之後，A小姐感觸良多。長久以來，她都以為D主管是個壞脾氣的大反派，但現在仔細想想，這一切說不定只是自己受他人說法影響而產生的**刻板印象**。透過此次用餐，兩人的關係首度破冰。

D主管之所以老是大罵員工，是因為部屬感受不到他想傳達的理想工作態度，A小姐明白那種「無法用言語表達的焦躁」，也開始能夠理解他的想法。

## 化解部屬老是捱罵的壓力，頂頭上司跟著找到解方

從那天之後，這位威權式的D主管會主動與A小姐溝通，討論各種工作相關事宜，且令人意外地，**以往每天怒罵員工的情形急速減少了。取而代之的是，當他發現問題點時，會先以email的方式告知相關同仁。**

透過與A小姐的溝通，其實D主管自己也察覺到了，當他對眼前的事發飆、怒罵，一味地發洩情緒之後，**事情往往沒了後續，問題還是沒能解決**。這麼一來，這樣的怒罵就只是讓自己陷入情緒風暴、喪失自我。而對員工來說，面對D主管的怒罵，他們下意識的反應就是將耳朵摀起來，選擇忽略，靜待這場暴風雨結束，完全沒有任何具體改善做法。

在這場上下順暢溝通的飯局之後，當D主管發現問題時，會試著以冷靜的語氣或文字告知全體員工、指出問題點，並說明若狀況擴大，會有什麼樣的危險、大家又應該採取何種相關配套措施等。換句話說，**D主管也找到了可以與所有員工分享自己的觀察、交流自己過往工作經驗的方法。**

## 職場氣氛明顯轉變，由上至下齊心協力

當全公司的溝通管道變得更靈活之後，職場氣氛也隨之改變。一直以來，許多部門主管都不喜歡D常務董事的威權指導，更別說互助合作了。大家光是擔心自己

的團隊是否會被檢討、會否殃及無辜都沒時間了。因此，當別的團隊出問題或抱怨發生時，其餘的主管們只會認為：「這不是我們團隊的責任，我們該做的事情都做到了。」只想著要保護好自己的人馬。

換句話說，過去存在溝通問題仍時，**冷漠充斥在這間公司的每個角落**。

然而，當那位「威權的D常務董事」搖身一變成為「冷靜的D先生」後，眾人終於卸下沉重的心理負擔，**每個現場都產生了凝聚力**。這樣的結果，讓第一線員工的抱怨，減少了七成以上。

A小姐現在仍然是「前威權D常務董事」的得力助手，也是商量工作要事的好對象，別忘了，她同時也是中階主管，帶領著一整個團隊，過著充實的每一天。

基層員工很難獨自應付大聲叫罵或焦躁不安的高階主管。一方面是因為員工不了解這些大頭在想什麼；若一味聚焦在頂頭上司的偏差行為、持續抱怨，也只會讓員工自己更心力交瘁而已。各位身為團隊的領導者，有責任把握這樣的機會，積極了解頂頭上司的想法。

為此，為了從根本解決問題，有時就連**麻煩的應酬**也是必要的。利用難得的聚餐機會，重新建立與上級主管的關係，甚至藉此打造有利談判的交涉環境，討論出彼此都能滿意的做法，將是團隊與公司的重要轉捩點。

## 什麼都不教的主管才厲害

若你老是害怕與主管獨處，彼此之間的緊張關係就永遠無法解決。老闆主動約吃飯時，請務必大方接受，並預先準備想問的問題、打造有利的談判環境，說不定正是雙方改善關係的大好機會。

# 第6章

## 加速前進：持續提升判斷力、決斷力、執行力

鐵則

# 36

# 不被領導者的責任義務與決策權壓垮，先準備好一條退路

——以「被逼到絕境」為前提，事先預備對策

管理者必須擔負起團隊裡的全部責任，這是主管與部屬最大的差別。因此，若團隊運作順利，主管一定會感到開心；相反地，若是運作不順，且久久沒能改善，主管一定會出現消極的負面態度，認為自己不適合擔任管理職。

各位身為管理者，應該如何適時調整自己的情緒？面對壓力與低潮，又該如何自處？甚至，當精神狀態被逼到絕境時，要怎麼處理比較好？

## 管理職的沉重壓力，如同生命不定時炸彈

根據日本厚生勞動省（編按：類似臺灣衛福部與勞動部）的調查數據結果，日本每年自殺人數高達兩萬人以上，其中以四十歲左右人口占多數，恰好是管理職位漸增的世代。儘管這不是大家樂見的數據，但實在**很難不將自殺率與管理職聯想在一起**，擔任管理職所帶來的壓力，很可能已成了生命的不定時炸彈。

從基層員工轉變為管理者，實際上就是**多了責任義務與決策權**，和過去相比，如今的壓力更為吃重，例如必須靠自己衝鋒陷陣、開創新局，還要克服各種問題。

以我個人為例，從前，我也是這樣的人。

曾有一段時間，我耗費了大量精力在**貫徹我自以為正確的道理**，其實卻是在自己周圍築起了一道高牆，別人進不來，我也走不出去，最終身心俱疲。平常的工作因為沒有太大問題，旁人幾乎都沒發現我的異樣，甚至覺得我是個樂觀開朗的積極主管。**然而我的內心卻已面臨崩潰邊緣**。或許是自尊心作祟，我偽裝了自己，不讓公司任何人發現我的低潮。

話雖如此，我還是找了太太求助。以往，如同典型的日本男性，我絕對不會向家人吐苦水，也不會向他們提及自己在工作上的精神狀態。但當時，我的確是身心都被逼到絕境，再也經不起任何打擊了。

某一天，我向我妻子坦白一切，而她回了我一句話：

「你為什麼要拚命到這種程度？」

**將悶在心裡的苦說出來之後，壓力便得以舒緩**，我的心情變得非常輕鬆。妻子的這句問話成為我的強力奧援。從此，我開始試著適當放鬆心情，並為自己安排了更多規畫未來的時間，一點一滴地回復到最佳狀態。

當主管的人最喜歡對部屬說：「有困難可以跟我商量。」但**人在真的遇到困難時，往往很難做出正確判斷，導致你寧可什麼都不說**。我想應該有不少人跟從前的我一樣，遍尋不著能夠認真商量的對象。因此，我建議的方法是，**隨時以被逼到絕境為前提，事先預備好應對措施**，也就是做好最壞的打算。

## 別害怕暴露弱點，積極尋求諮詢

我要提醒各位主管，**千萬不要害怕暴露自己的弱點**，從日常生活開始，建立一個屬於自己的諮詢對象及地點。

具體來說，像是參加**彼此沒有利害關係**、**可以暢所欲言的同學會**；與職場上可信任的人吐苦水、談心，不僅有助於抒發情緒，更能找回工作的初衷；或是多認識一些公司以外的可靠朋友，也非常有效，亦能拓展人脈；參加自己有興趣的社團活動，不但容易聚集相同價值觀的人，也能從中獲得新知，有助於自我啟發。

當然，最關鍵的還是要好好珍惜自己最重要的人。對於你所重視的任何事物，應該常存感激之心。話又說回來，當你真的被逼到絕境、**開始出現各種身心狀況時，尋求專門人士諮詢才是正途**；若擔心身分曝光，也可使用匿名功能。大家千萬別逞強，**過於自信、覺得自己絕對沒問題的人，通常最容易做出令人意外的舉動**。

在美國，每位上班族都擁有個人諮商顧問，這已是相當普遍的現象。而在亞洲社會，即使企業總嚷著要改變勞動方式，但仍把提高生產力放在第一位，**情緒勞動常被忽略**。前文提過部屬可找主管訴說自己的煩惱，同樣的道理，**主管也該自行尋求諮詢管道**，更理想的狀態，則是由公司安排得宜的心理健康諮詢人士定期訪談。

我相信這樣的時代很快就會來臨。因為，身心健康管理與促進自我健康，也是領導者的重要任務之一。

**什麼都不教的主管才厲害**

主管也是人，也會有低潮或沮喪的時候。別害怕說出你心中的苦，情緒勞動過大的時候，應積極尋找信任的人談談，或向專業心理師尋求協助。

鐵則

37

# 工作資歷才是寶，借其一臂之力，面對年長部屬的完美對應法

——從「若要請對方協助，能從哪些方面下手？」的發想開始

在日本企業文化中，有個廣為全世界熟知的「年功序列」制度。此為以年資和職位訂定標準化的薪水，搭配終身雇用的觀念，鼓勵員工在同一家公司服務至退休。而較晚入職的員工，必須等先進入公司的前輩晉升之後，才有機會被拔擢。

不是我在說，**這種注重資歷輩份的人事制度，現在看來已有些落伍了**。

現代職場有越來越多人是空降主管，換句話說，你很有可能會帶領許多**比你年長但知識經驗豐富的部屬**。另一種情況則是，某位年輕後進因掌握公司極需的新技術，更因表現優異，一躍而上成為部門主管，**你反而成為他的下屬**。

其實不論部屬是否比你年長，領導者的任務都是一樣的，意即致力於提升團隊生產力、維持良好的工作表現，達到公司設定的目標。因此，領導者千萬不能搞錯重點，只注重成員年資，或熱衷於人事鬥爭。不論你心裡有多不甘、承擔多少負面情緒，**工作時都應表現專業**。且無關乎成員年長或年輕，領導者都必須思考該怎麼做才能讓所有人一體同心，使團隊獲得最大利益。

講得再極端一點，若就結果論來看，只要團隊能朝向共同目標邁進，彼此互助合作，就算成員私底下彼此並不和睦、討厭對方，其實也沒有太大關係。

## 同理你的員工，讓資深部屬變身最佳助手

過去當我擔任某家肯德基分店店長時，我遇到了兩個管理難題。

我的麾下有一名部屬，是比我資深許多且經歷豐富的大前輩。當時是我擔任店長第三年，大約三十多歲左右，而這位四十多歲的K先生，不但比我早進公司，本身也曾擔任過店長職務，原本看似一帆風順，卻因某些因素被降職，並被分派到我的單位任職。

憑良心說，若與K先生較量門市經營能力，他肯定比我還優秀，因為在許多業務上，他更具備領導能力與經驗。而我當初的想法是**「身為店長必須展現魄力，讓大家服從我的領導。」**因此我有點不知輕重，仗恃著店長身分，自以為是地不斷向他指派任務。

K先生也不是省油的燈，身為職場老鳥的他，總是散發出「為什麼我要聽你這個小毛頭的話啊？」的氛圍，完全不聽我的指令，兩人總是較勁似地硬碰硬。我為此深感困擾，於是下定決心找K先生好好談一談。

「我知道你對我很不服氣，但現在我就是你的主管，這件事你我都無法改變，如果你不認同，還請向總公司反應，我不會有任何異議。但我受上頭託付，負責管理這家分店，**若能借用K先生的力量，相信一定會替我們這間店帶來很大的幫助。**」我接著說：「將來還有很多事情要請K先生幫忙，如果你有什麼好建議、好點子，請不要客氣，儘管提出，我會非常感激你的協助。」

我沒有考慮太多上下關係，**只是很單純地用「互相配合」的合作態度與K先生商量。**從此之後，K先生一改從前反抗的態度，成為我的得力助手。而在與K先生懇談之後，分店的營業額明顯成長，在該地區名列前茅。

## 讓高年級部屬利用過往經驗，發揮最大價值

解決了高年級部屬K先生的問題後，我還有另一個棘手的人事管理難題，那就是店內的年輕兼職人員。

當時，我有一名年齡相仿的部屬，負責管理分店的兼職人員。這位年輕部屬的

主要工作內容為出缺勤管制、值班調度，但當時的我和他都還年輕，對於要管理這些性情浮動的兼職人員們，都覺得一個頭兩個大。

因此，**我請職場老手K先生出面**，由於K先生原本就是個頗具威嚴的老大哥，在他（或多或少）的嚴格指導下，兼職人員變得容易管理許多。我也因此不必再擔心兼職人員的出勤狀況，從此能安心地將分店管理職責交付給這位部屬，而我自己則有更多精力專注在分店的行銷活動上。

未來一定會有越來越多主管，必須帶領比自己經歷還要資深的部屬。這時，**請不要有高人一等的想法，而應該將對方視為最佳幫手**，並將自己的心態調整為：「我很希望能借助這些前輩們的一臂之力，幫助團隊成長。」

請求幫忙時，只要**以類似商量的口吻虛心討論，對方就不會感到不舒服**。儘管這些程序看起來有點麻煩，但領導者的使命就是運用自己所有力量，促進團隊發展。

大家千萬不要先入為主，認為對方不可能聽命於你，而是要設身處地，**假設自己是如果是他，能做些什麼？**接著思考：「為了讓他心甘情願地去做那些他能做的事，我該採取什麼樣的對應方式比較好？」

透過這樣的方式，團隊便能再次活用這些年長的人力資源，這對團隊和公司來說都是一項極大的優勢。

### 什麼都不教的主管才厲害

別和高年級部屬硬碰硬，改採虛心請教的態度，好好商量他們能做的事，將其變成你的得力助手。最後你會發現，他們擁有的豐富經驗正是工作上的無價之寶。

鐵則 38

# 把新進人員、欲離職員工變成揪出企業問題的最強夥伴

——從「離職原因」與「新人培訓」中找出意想不到的管理盲點

企業組織總是隨時在變化。即使你再怎麼重視眾人的理想、努力建立優良團隊，都還是會遇到員工離職的情況。

面對部屬遞來的辭呈，領導者應該好好理解員工的內心感受，釐清他想離職的真正原因。一般來說，部屬離職的理由不外乎是人生規畫、家庭因素等，但這多數**只是表面上的說法而已**。

員工真正的離職理由，十之八九是「我再也不想待在這家公司了」。如果雇主能提供舒服的工作環境，照理來說，他們無論如何都會想留下來。因此，我們可以藉由這個機會，**找出公司的管理缺失**。領導者的任務就是把握此機會，好好傾聽離職者內心的真正想法，以便改善整個團隊。

從我過去培訓五千多名中階主管，並接觸大量離職諮詢的經驗來看，**因人際關係惡化，所引發對未來的恐懼**，是員工想離開公司的真正原因。

無法真正理解離職者內心想法，只會讓員工接二連三離開。相反地，領導者若能真正了解員工在想些什麼，便能致力於改善環境及人才培訓、減少離職人數。

## 用三個問題找出員工離職真正原因

現代職場的人員流動率並不低，許多新進員工待不到三年就離職，對於公司經營管理可說是雪上加霜。在這種狀況下，即使祭出高薪，或用人情方式慰留員工也很難奏效。部屬遞出辭呈時，可透過以下三個問題，找出員工離職的真正原因：

**一、我想要建立一個讓員工不會離職的環境，為了公司的未來，可以告訴我公司發生了什麼問題嗎？**

**二、是什麼原因促使你提離職？**

**三、當下你有什麼感受，後續又發生了什麼事？**

試著像這樣仔細詢問員工決定離職的原因，以及內心情感的變化，領導者可得知自己還有多大的改進空間。反過來說，如果領導者不做這一步，「慰留離職員工」將成為你的職場日常，且頻率恐怕會越來越高。

## 利用新進員工發現管理盲點

一個正常的企業組織一定隨時在變化，公司人員流動除了員工離職，還有**新進員工加入**、既有成員升遷等各種人事異動。與其將之視為危機，還不如說這是相當珍貴的經驗，因為**人員替換正是發現公司問題與改進的好機會**。

舉個例子，假設現在有新進員工，而你將培訓工作交付給部屬。將培訓新人的重責大任交付給部屬，大抵來說有兩個意義。其中一個是，對負責教導的人來說，透過教導新進員工如何工作，是重新檢視自己平常工作態度的大好機會。此外，負責教導的員工，也能從培訓新人的任務中，習得這件事對公司具有什麼樣的意義。

然而，有些部屬對於培訓新人往往敷衍了事，或是單方面地認為新員工不可能達到公司要求。這麼一來，他們不但浪費了教育新人的難得機會，也連帶放棄了自己的成長。為了避免這種最壞的情況，領導者必須正確傳達培訓新人的意義。

此外，人事異動也包含了部門調整。如果你的團隊裡有新轉調過來的員工，也可以試著不著痕跡地詢問他們，現在與從前的部門有什麼不同之處？

這些新員工就像一股活水，領導者可以從員工的回答發現管理盲點，**獲得較客觀的答案**。或許他們對於新部門沒那麼有認同感，但從團體外的旁觀者角度來看，一些以往無法看到的團隊與成員的問題點，都會在新調職員工的言談中逐漸浮上檯面。主管得以擊破盲點，等於是利用這些新成員刺激舊團隊，藉此一掃沉痾。

不論離職或新進的員工，都是能夠改善團隊狀況、揪出企業問題的最強夥伴。若能將此兩者經常放在心上，身為主管的你絕對能學習到更多事物。

**什麼都不教的主管才厲害**

離職或新進員工都是能協助主管釐清團隊狀況的最佳利器，不但能探問出目前的管理問題，也能從他們的想法裡找出開創未來新局的方向。

鐵則

39

# 部屬若是遲遲無法達到理想成果，你就先做給他看

——以身作則，千萬別變成只出一張嘴的主管

如同本書一再強調的論點，管理階層的首要任務，是**把每一個人都放對位置**，讓部屬展現其工作成果，並提升整體團隊業績。而不同的工作有不同的業務目標，主管必須隨著部屬的權責因地制宜。

如果團隊成員無法達到目標，請先別急著責備，因為沒找出問題來源，說得再多也是於事無補。領導者可透過創造良好工作環境，對員工表達感謝、多讚美員工以提升其工作動力。但有時即使周遭環境已全面改善、萬事俱備，員工的工作表現仍然有可能未見起色。

在這種情況下，領導者唯一能做的，就是**與部屬同心協力解決問題**。部屬無法達到預期目標的原因，可分為下列四點：

**一、彼此的溝通方式出了問題。**

**二、環境中有太多不利的條件。**

**三、部屬失去幹勁，工作效率變差。**

**四、部屬沒按照公司制定的方法去做。**

## 他辦不到，你就做給他看

若是一味地要求員工提高績效、施壓於部屬，卻**不解決根本性問題**，情況就永遠不會改變。重要的是，說比做容易，主管不能只靠出一張嘴就要部屬振作，必須一同找出問題所在。

為此，領導者**需要密切觀察部屬的工作狀況**。若是業務性質的工作，偶爾陪同部屬拜訪客戶，觀察他與客戶的溝通過程，是否有待改進的地方；若是工廠製程，則應親自操作生產線機臺，透過實際演練，找出效率待改進的環節。

當領導者忽視這些**只要稍微調整就能扭轉敗局**的做法，並認為部屬全是庸才，必然無法激發出他們真正的實力。

在我擔任日本肯德基督導員的時期，最常做的就是到每一家有狀況的分店，觀察員工的工作情形與態度。這些分店的問題，大部分都源自於**員工沒按照公司制定的工作流程執行**。

店內最常發生的問題是環境衛生不佳。因為員工未嚴格遵守公司規定，桌面髒亂、廁所不整潔等占最大宗。光這幾點，就能讓客人覺得厭惡，拒絕再次光顧。

為了改善這一點，任何特別指導或溝通技巧都不必，你只需要**親自帶頭做起**。像是掃廁所或維持店面清潔等，由領導者做一次給員工看，應該如何面對問題並有效率地解決。當然，我們無法得知員工是否已確實掌握要點，為此領導者必須**於示範之後再次確認**；員工當下若無法做到，領導者就再示範一次給他看，請員工再跟著操作一次。經過一次次的實際演練，員工便會自發性地認真尋求改進方式。

## 所有工作的共通點——以身作則

以上是**所有工作的共通點——以身作則**。如果部屬對業務推廣方式有疑問，就由你自己親自服務客戶，把正確的做法示範給部屬看。其他像是如何撰寫報告、如何制定企畫案、如何蒐集數據等，皆適用此做法。

假如你本身的經驗不足，不知該如何示範的話，可詢問資深前輩或查閱書籍，務必找出能供部屬參考的工作範本。

上述過程聽起來或許麻煩，但**把部屬的問題當成自己的問題思考**，是主管工作很重要的一環。換句話說，領導者必須有這個認知：**部屬無法達成目標，等同領導者無法達成目標**。若你老是將問題推到部屬身上，團隊終將瓦解，這也同時宣告了領導者的能力不佳。

什麼都不教的主管才厲害

當主管千萬不能只出一張嘴，與其責備一百次，還不如以身作則，親自示範給部屬看。別忘了你們是同一個團隊，部屬無法達成目標，等同於你無法達成目標。

鐵則

40

# 各行各業都在缺工，外籍移工將是重要資源，別讓歧視阻礙了公司發展

——以工作能力取勝，國籍出身是最次要的問題

全球的勞動市場，隨著少子化、高齡化的成長趨勢，勞動力將越來越短缺。**增額雇用外籍移工、活用銀髮族群等**，已是各家企業為求生存而必須採取的重要手段。

辦公室「國際化」不僅是大勢所趨，更是刻不容緩的解方。現代社會瞬息萬變，若你還認為雇用外籍移工會產生語言溝通障礙、甚至文化衝擊，這類帶有歧視意味的刻板印象，很可能害得你被時代的潮流淹沒。

## 膚色、語言都不是問題，雇用員工首重人品

一味把目光聚焦在**外籍移工無法做到的事情上**，是毫無意義的想法。多數人很難掌握事物的全貌，僅僅看到其中一面，就自以為掌握了整體狀況，並對此深信不疑。不論膚色與瞳孔顏色、使用何種語言，只要是人類，就一定有優點與缺點，這點不會因為國籍而有太大的差異，徵才時應看其本質是否良善，而發現之道，端看**你觀看一個人的方式**。

讓我們做個實驗，請安排一天，仔細觀察所有出現在你眼前的人，不論是本國

人或外國人，都請關注他們**優秀的那一面**。你將會發現，自己的視野竟出乎意料地狹隘，或是隨著觀察時間經過，你會訝異自己的觀點在短時間內便出現改變。

特別是從外國來的朋友，他們離開自己的家鄉，來到異國努力過生活，勢必抱持著相當大的覺悟，**其學習動力與接納新國家文化的意願也非常強烈**。若領導者能想到這一層，便極有可能培育出比本國人更為強大的人力資源。

想將外籍移工培育成優秀人才，**重點在於回饋**，你必須確實將從他身上得到的好處、接收到的幫助、對於團隊的進益，如實地以感謝、稱讚傳遞到對方心中。

若以溝通技巧為例，就是當你聽到對方說話時，**確實告知對方，我已聽到你所說的話**，類似這樣的回饋方式。如此一來，對方便能確認自己的意見已正確傳達、同時也能更加了解自己。

換句話說，領導者若能多觀察員工，並以實際行動、對話回饋，外籍移工將會感受到自己被接納，也更確信自己選擇了一個正確的國家居住、工作。如此一來，領導者最害怕的**高流動率問題**，也將迎刃而解。

## 給予認同感，外國人將表現出乎意料的忠誠

強化員工的自我理解，可提升自身肯定感，並進一步激發其自我挑戰、向上成長的欲望。而來自國外的人，能夠選擇的工作環境，一定比本國人來得少，為此，他們總是拚了命地努力。

在我擔任日本肯德基店長時，就看過許多外籍移工非常認真，光是為了理解工作內容、業績目標、店內規矩等，他們就可以不要命似地瘋狂學習。我在日本大阪的某家分店擔任店長時，更曾看過一名韓國籍員工，對某位有點散漫的日本籍新進員工怒罵：「你到底有沒有用心在做啊？」

這名韓國員工的憤怒不難理解，正因為他拚命想學習，且感謝這份工作機會，才對這種消極的工作態度感到異常火大。許多外籍移工擁有強烈進取心，當他們受到刺激、獲得來自領導者的認同感後，就很有可能表現出**超越本國人的忠誠度**。

以那名韓國人員工為例，他除了努力把工作做好之外，也會向身邊正在學習日文的留學生分享見聞，甚至招募他們一起來工作，我連徵人都省了。

不光是餐飲業、服務業，甚至ＩＴ電子業、金融業等各行各業，未來要與外籍移工相處的機會只會越來越多。換句話說，日後你的同事、主管非常有可能是外國人。光是以國籍、出身，甚至**使用何種語言來判斷一個人**就太偏頗了，你應該更重視其內心本性，這是現代領導者不得輕忽的一點。

### 什麼都不教的主管才厲害

各行各業都在缺工，從國外尋求勞動力已是新的趨勢。比起國籍出身，本性是否良善才是雇用與否的重點。若懂得惜才，這些外籍移工將展現更高的忠誠。

鐵則

41

# 墨守成規者，絕對無法理解「適才適所」的真意

——找錯工作不光是員工受害，對公司更是悲劇

目前全世界**最缺工的行業，就屬餐飲業與服務業**，不但流動率極高，人手更是嚴重短缺。因此，前面鐵則 40 提到的增雇外籍移工計畫，已有不少企業正確實執行。那麼，二度就業的銀髮族又是如何呢？

## 不吝提供第二次機會，借助長者的生命智慧

二度就業的銀髮族群，也是企業不能忽視的潛在勞動力，當你點開人力銀行履歷時，請多多提供這些人才第二次機會。

在我擔任日本肯德基店長時，店內有一名超過六十歲的女性兼職員工 C 大姐。C 大姐每天會到店裡幫忙製作沙拉，大概待兩個小時左右。她不但工作非常認真，個性也很開朗，對於年輕員工的照顧更是積極。雖然她每天只在店裡兩個小時，但工作人員們都很喜歡她。

那段時間，店內人手不足，需要能管理兼職人員的小主管。C 大姐因年齡而累積的生命智慧原本就很耀眼，不但廣受大家愛戴，在服務業的第一線上，更是充分

展現了得宜的進對應退，堪稱團隊表率。於是我靈光一現：「說不定她能夠勝任這份工作。」

我私下詢問了Ｃ大姐，有沒有興趣挑戰管理兼職人員的小主管。沒想到Ｃ大姐立刻以「自己年紀太大」為理由，毫不留情地拒絕我的請求。但我不放棄，繼續遊說：「我每天看著大姐對於工作與照顧新人的態度，覺得非常感動。**對您來說，這家店您最喜歡的地方是什麼？**」

Ｃ大姐回答道：「我最開心的是，能看到這些與我孫子同輩的孩子們努力工作的樣子。」

於是我繼續追問：「那麼，若能夠更親近他們、守護在他們身旁，您覺得不好嗎？就連外籍移工也對您讚譽有佳。我希望能讓大家都開心努力地在這裡工作，我會全力支持您，您要不要挑戰看看？」

Ｃ大姐稍加考慮過後，膽怯地說：「我真的可以嗎？」而我發自內心地給予十足的肯定。話雖如此，這可是六十歲的她，第一次接觸服務業管理職，除了要學會後場的各種料理，也必須記熟所有菜單名稱，以及收銀檯工作，此外，還有客戶應對、客訴處理等，太多太多事務必須熟悉。

**C大姐的優勢在於，其他工作人員都很支持她**，而C大姐本身也對大家的支持感到很開心。縱使她並非每件事都能做得像年輕人一樣得心應手，但透過慢慢學習，終於逐漸能獨當一面了。

或許是充滿自信心的關係，她的領導能力開始開花結果。

## 讓銀髮族員工成為最值得依賴的夥伴

C大姐的工作環境盡是十幾歲、二十出頭的年輕人，儘管如此，**年輕女性員工若遇到困難或問題，一定會先找C大姐商量。**

到後來，C大姐儼然成了店裡最值得依賴的伙伴，除了工作品質之外，對於團隊的心理支撐作用，更是極大的幫助。例如，她會主動安慰因工作犯錯而沮喪的年輕兼職人員，也能妥善協調員工與客人間的糾紛，她本人每天樂在其中，**因為這份小主管的工作，讓花甲之年的她，找到不一樣的工作價值。**

之後，我把上午班時段也交給她負責，有許多銀髮族老顧客，為了要見到C大姐，都會選在這個時間來店裡消費，這一切全拜C大姐所賜，感謝她活用**與生俱來的溝通能力，將本國與外籍移工凝聚在一起**。

如同本節開頭提到的，目前各行各業都處於人手嚴重短缺的情形。撇除年齡與國籍，**遇上真正想要做事的人，就應該以適才適所為原則，讓他們找到適合的工作**。也就是說，找錯工作這件事，是公司與員工雙方的悲劇。若墨守成規，只依循既定的規定求才，肯定無法找到像C大姐這類，雖然在年齡上較為劣勢，實際上卻擁有優秀能力的員工。我相信這個社會上一定還有很多遺珠之憾，希望透過本節案例的分享，能有越來越多的人才，在職場上愉快地發揮自己的才華。

**什麼都不教的主管才厲害**

領導者找員工，不應以年齡或國籍等外在條件來判斷，而是要能看透此人所擁有的真正特質，給予支持，提高其工作動力。

鐵則

42

# 有能力的領導者，必須適時卸下重擔

——學會「用人不疑」的放手藝術

不論工作大小，**責任一肩扛的領導者，儘管乍聽之下很像英雄**，但明眼人都看得出來，**這是因為他的領導能力不足**。明明自己已經辛苦扛下了所有的責任，到頭來卻落得這樣的批評，實在教人不甘心。其實**只要適時卸下重擔**，一切就能轉圜。以下我用T先生的案例說明。

## 過分努力的主管，只會成為部屬的隱形壓力

T先生是一名任職於IT公司的主管，因為在職場上遇到瓶頸而向我諮詢。細究原因之後，我發現他是因為過多的業務而產生適應不良。

該公司正處於成長期，倍數增加的業務讓T先生的團隊每個月負擔了龐大的工作量；團隊裡的每個人也必須經常配合加班，促成了人員的高流動率。

「或許是因為這樣的環境太過艱難，讓人想離職吧。」從T先生的訴苦中，我能感受到團隊處於相當艱辛的狀態。

但T先生並不是一名袖手旁觀的主管，他想到了一個突破困境的方法，那就是

**從他自身做起，不斷精益求精**，提升自己的能力以應對、解決各種狀況。他非常努力投資自己，閱讀大量書籍、參加多場研討會，一心一意想著，**只要自己能多解決一個問題，團隊成員就能多鬆一口氣。**

然而，團隊碰上的問題不減反增。對於「領導」這件事，T先生的心態是「讓有能力的人帶領團隊」，於是拚命地在工作崗位上努力。但他沒有想到的是，**自身能力變好，部屬們為了跟上他反而更努力**，並越發覺得自己與主管的差距不斷擴大，已然形成壓力問題。換句話說，T先生在無意間，**對部屬施加了無形的負擔；自己又在不知情的狀況下繼續累積雙方更多的壓力**，造成惡性循環。經過諮商後，T先生終於理解「不要試圖勉強部屬，而是要理解並重視他們最在意的是什麼」。

## 你太過要求，變成不敢放手

實際上，**他以前對部屬的要求**，**都是以主管層級的高水準為主**，但是連他都無法肯定這樣的做法是否完全正確；底下的部屬亦是如此，大家都是各自按照自己的方式做事，絲毫不見團隊合作精神，似乎僅凸顯其個人的自我意識。

主管攬權並不是什麼過錯，但攬權的同時，領導者應該更尊重部屬，理解他們與自己同樣重視這份工作；**即使與自己的想法不同，若是已經交付給員工的工作，就應安心放手，也就是所謂的「用人不疑」**。

T先生花費了相當多的時間，才走到這一步。現在他終於學會了「放手」的藝術，不再緊緊抓住所有工作不放，時間調度也更有餘裕與彈性。

這是一個非常重要的決定，努力放手將工作分擔至部屬身上，相信過了一段時間之後，你將開始感受到發生在自己身上的變化。

## 切換思考模式，從解決眼前問題，改成替未來布局

首先，你得**將思考模式從解決眼前問題，轉換為從未來反推回來的逆向思考**（見第六十三頁鐵則7）。從前，當問題發生時，你只會十萬火急地想著要趕快解決，但領導者更要學會當問題發生時，能夠冷靜地思考**怎麼運用這個問題，讓團隊**

**未來能發展得更好**。

此外，做主管的還要學著理解部屬的感受和價值觀，並對自己的每一項指令、每一個決定都充滿信心，不再無端陷入迷惘。如此一來，領導者在人際關係上的壓力將獲得緩解，也能與部屬處之泰然。

故事的結局是，T 先生終於願意繞開**「不這樣做不行」的成見陷阱**，雖然部屬多少還是認為主管像一面高牆，但也漸漸開始願意與他親近。在諮商的尾聲，我獲得了 T 先生這樣的回饋：「部屬說我最近終於放鬆了，看起來很享受工作呢。」

改變的第一步，必須先放下所有的成見，你會更快減輕肩上的負擔。若抱持著「人生就是背著重擔一步一步往前走」的想法，總有一天會走到精疲力盡。

**什麼都不教的主管才厲害**

主管別把自己逼太緊，部屬只會因為跟不上而產生壓力。明定規定之後，就放手讓底下的人去做、適時卸下肩上重擔，並切換思考模式，以布局未來為目標。

鐵則

43

# 即使每天快被責任壓垮，也得找出時間與自己對話

——開心領導團隊的絕對法則：別試圖控制他人

在整本書的最後，我要強調的，是對所有管理職而言最重要的一點，那就是**「經常與自己對話」**。當領導者太過專注與部屬溝通，反而容易忘記如何與自己相處。

成為管理職之後，工作上最大的轉變，就是不僅得對自己負責，同時也要對部屬負責。於是多數的主管會開始思考，**希望部屬擁有「與自己相同的工作態度」**。

## 切勿期待部屬成為另一個你，這根本就不切實際

然而，部屬和你始終是不同的兩個人，不僅雙方想法不同，工作的價值觀也不同。**要找到與你的理想百分之百完全相符的部屬，是不可能的**，也切勿期待會有這樣一個人出現。

如果誤解了這一點，那麼你的團隊領導將會成為**「試圖控制他人的工作」**。當部屬按照你的想法行動，你就會很開心，反之，則會令你憤怒。而當你只想著如何控制他人，就再也無暇顧及最初你希望透過主管職位達成的理想。

領導者的確需要為部屬負責，但**你的工作絕對不是「努力讓部屬幸福」**。說穿

了，你還是必須**為了自己的幸福而努力**。為了讓「團隊的工作」與「自己的希望」相符，你可以主動把理想的管理藍圖與團隊成員分享；而在此之前，你必須先反覆與自己對話。

許多主管們在帶領部屬時遇到瓶頸，會到我的工作室進行培訓，而這些前來求助的主管，**大多忘記「與自己對話」這件事**。

舉個例子，有某位年輕主管，學了些半調子的管理功夫，常常只專注在部屬工作效率差或基本功夫不足等小細節上。身為主管的他，幾乎一整天時間都耗在挑剔部屬、吹毛求疵，不知不覺，寶貴的一天就這樣浪費了。而他的部屬們也因為一整天被主管拿著放大鏡檢視，無法達成預期目標，最慘的是，**雙方都感覺不到工作的樂趣**。

員工工作效率差，的確必須改進，如果員工經過教導後能夠有所成長，那麼領導者的確應該這麼做。而這些前來找我諮詢的主管，就是在試圖控制員工的過程中，遺忘了一開始的初衷。我會提醒他們，你的首要任務**不是挑剔團隊成員的毛病，而是要確立眾人能藉此成長，同時貢獻社會的工作態度**；若你認真面對自己的初衷，就一定能建立一個符合理想的團隊。

**主管的意志是整個團隊的核心**。一旦你能理解自己所重視的事物，並將之列成為工作目標的大前提，就更能激發全員的動力。

假如最後得到的是好結果，你的自信心也會增加；若是不滿意的結果，就要尋找方法，不耽溺在失敗的情緒裡，把這次的經驗化為反省、修正的養分。不斷反覆操作上述步驟，就能提高你的成功率，也能更加確信自己想做的是什麼。

## 讓部屬自動自發、團隊自己動起來，你就什麼都不用教

隨著經驗的增加，你一定會更接近自己心中理想的遠大未來；而當部屬看到你的工作態度，一定也能從中成長。

而當部屬自動自發地執行工作、整個團隊自己動起來之後，你會發現，領導者的工作其實相當愉快。**你再也不用事事都教，甚至什麼都不需要教，就能開心帶領團隊持續成長。**

工作就像是一種**團隊競技運動**，需要多人分工合作才得以順利進行。團隊成員若能樂於工作、突破挑戰，同時增加收益、讓客戶開心，團隊的公司地位與社會地位也會跟著提升。這也是我撰寫這本書最大的初衷，期望各位都能以「什麼都不教」的主管姿態開心領導團隊，享受工作的樂趣。

### 什麼都不教的主管才厲害

主管之所以什麼都不用教，是因為這並不是一個「控制他人」的工作。讓部屬自動自發，是你開心領導團隊的最大前提，而在理解部屬的想法、維持團隊運作之餘，也別忘了持續與自己溝通，讓領導成為愉快的任務。

# 結語
# 什麼都不教的主管，才厲害

領導者和管理階層的工作，與運動場上能直接以比賽成績評判高低的運動員大不相同，**你很難在付出努力的當下檢視成果**。在這背後你犧牲了何等貴重之物、如何費盡千辛萬苦達成這些艱辛的任務，也都需要長時間累積才會被看見。

當部屬順利展現工作成果時，代表他的努力有了回報，但當部屬無法交出漂亮的成績單，**會被追究責任的，則通常都是主管**。應該有不少主管覺得自己正處於孤軍奮戰的狀態，我過去擔任日本肯德基店長時期，就曾有許多這樣的經驗。

覺得孤獨之餘，我自己內心仍有一個理想的團隊藍圖，**如果團隊共同打拚，將能獲得比孤軍奮戰超過數十倍的成果**，這是相當令人雀躍的事。主管不光是對自己負責，更背負了部屬的責任，同樣的道理，你能從工作中獲得的喜悅，一定也會跟著倍增。而團隊透過此一過程，亦能帶給公司很大的助力，有利於開創未來。

倘若所有的領導者和管理階層，都能自然而然地從公司與職場中獲得這種喜悅，相信一定會有更多年輕人抱著「我也想挑戰管理職」，這類躍躍欲試的想法來為團隊效力。

未來的職場走向會往哪裡發展呢？是會如上所述，想從事管理職的年輕人越來越多？或是正好相反，會有更多年輕人覺得「當主管感覺好辛苦，我不想做」？這個問題的答案，取決於現在的領導者，也就是你的工作態度。

**當部屬看到了你在管理職上的表現，也會跟著思考屬於自己的未來目標。**

只有你自己才能創造你的人生。若完全聽從他人指示行動，當結果不順利時，只會害你在充滿怨懟的情緒之中度過餘生。而當你主動思考、接受、處理那些對你來說有意義的事，才叫「確實掌握了自己的人生」。而最理想的狀況是，當周遭的人看到了你這樣的生活方式，也跟著產生「我也想要像他這樣過生活」的想法。

就這層意義上來說，擔任領導者、晉升管理階層也是同樣的道理。

只有你自己才能創造你的管理職人生。若你完全聽從他人指示去行動，不思考、只抱怨，最後一定會把管理工作完全搞砸，也難以得到好名聲，請務必好好思考其中的利害關係。我撰寫這本書，就是希望能替大家提供後援，並打從心底支持、期待各位都能成為「什麼都不教」的厲害主管。

本書若能成為讀者的最大助力，為各位進獻棉薄之力，我將深感榮幸。

最後，我要感謝許多人的幫助，使這本書能夠順利誕生。包括協助宣傳製作的Lanka Creative Partners渡邊智也先生、激發我潛能的出版社編輯大森勇輝先生、不斷成長、也總是帶給我勇氣的未來創世塾的各位、在我身後支持我的家人、教育我內心的母親、以及總是從天國對我微笑的心靈恩師堀江信宏先生。謝謝各位。

職場方舟 0014

# 什麼都不教的主管才厲害

## 讓部屬自動自發、你再也不用自己來的 43 個管理鐵則

作　　者　森 泰造（Taizo Mori）
譯　　者　陳畊利
封面設計　野生國民小學校
內頁設計　王信中
文字協力　張育騰
主　　編　李志煌
行銷總監　張惠卿
總 編 輯　林淑雯

國家圖書館出版品預行編目（CIP）資料

什麼都不教的主管才厲害：讓部屬自動自發、你再也不用自己來的 43 個管理鐵則／森 泰造（Taizo Mori）著；陳畊利譯. -- 初版
--新北市：方舟文化出版：遠足文化發行，2020.07
272面；14.8×21公分. --（職場方舟：0ACA0014）
譯自：最高の上司は、何も教えない。自分も部下も結果がすぐ出るマネジメントの鉄則43
ISBN 978-986-98448-7-1
1. 職場工作術　2. 領導者　3. 企業領導　4. 組織管理

494.21　　109000389

出 版 者　方舟文化／遠足文化事業股份有限公司
發　　行　遠足文化事業股份有限公司（讀書共和國出版集團）
231 新北市新店區民權路108-2號9樓
電話：（02）2218-1417　傳真：（02）8667-1851
劃撥帳號：19504465　戶名：遠足文化事業股份有限公司
客服專線：0800-221-029　E-MAIL：service@bookrep.com.tw
網　　站　www.bookrep.com.tw
印　　製　通南彩印股份有限公司　電話：（02）2221-3532
法律顧問　華洋法律事務所 蘇文生律師
定　　價　350元
初版一刷　2020年 7 月
初版六刷　2024年 8 月

方舟文化官方網站

方舟文化讀者回函